21世纪应用型本科院校规划教材

高等数学学习指导与练习（下）

第3版

南京工业大学数学系 编著

南京大学出版社

图书在版编目(CIP)数据

高等数学学习指导与练习. 下 / 南京工业大学数学系编著. —3版. —南京：南京大学出版社，2019.1(2020.8重印)
21世纪应用型本科院校规划教材
ISBN 978-7-305-21445-5

Ⅰ. ①高… Ⅱ. ①南… Ⅲ. ①高等数学—高等学校—教学参考资料 Ⅳ. ①O13

中国版本图书馆CIP数据核字(2019)第011197号

出版发行 南京大学出版社
社　　址 南京市汉口路22号　　　邮编 210093
出 版 人 金鑫荣

书　　名 高等数学学习指导与练习(下)(第3版)
编　　著 南京工业大学数学系
责任编辑 朱彦霖　单　宁　　　编辑热线 025-83597482

照　　排 南京开卷文化传媒有限公司
印　　刷 南京人文印务有限公司
开　　本 787×1092　1/16　印张 9.75　字数 238千
版　　次 2019年1月第3版　2020年8月第3次印刷
ISBN 978-7-305-21445-5
定　　价 26.00元

网　　址：http://www.njupco.com
官方微博：http://weibo.com/njupco
官方微信号：njuyuexue
销售咨询热线：(025)83594756

前　言

高等数学是理工科大学生最重要的基础课程之一. 随着高等数学 B 层次的教学班级的增加,无论是从课堂教学,还是学生课外的自学、练习来看,都需要一本课外学习指导与练习. 这样不仅能加深学生对所学课程内容的理解,而且可以提高学生分析问题、解决问题的能力. 为了达到这个目标,我们编写了这本《高等数学学习指导与练习》(第 3 版).

本学习指导与练习分为上、下两册. 在指导与练习编写过程中着眼于以下几个方面:首先,强化学生对高等数学课程中的概念与基本方法的理解. 对课程内容没有清晰理解的学习方式是没有发展潜力的,解题只是学习课程知识和巩固课堂教学的一种手段,它不是学习过程的全部替代;其次,注重课程知识的应用性问题. 在每章典型例题中,我们尽量安排一些应用性题型,并在每章单独设置"应用案例"一节,期望以应用案例的讲解打开学生的"眼界",使学生认识到哪怕是高等数学这样的基础理论课程,在实际问题中也有非常广泛而重要的应用;此外本书还特别注意练习、自测与模考题的实用性和针对性. 例如在练习部分,我们首先强调的是基本练习题型的配置,但同时兼顾一定比例的综合性练习,甚至有少数难度适中的考研题型.

本书每章内容可大致分为"学习指导"与"练习测试"两大部分. 在"学习指导"部分又具体分为"内容提要""典型例题分析和求解"及"应用案例"三节;而"练习测试"部分则包括"练习题"和"自测题"两节. 并在每章后给出"练习与自测题答案". 此外,在上、下册最后各附了五套"模拟试卷".

"内容提要"部分对每章内容进行了总结,便于学生进行复习回顾,对整章内容有一个整体的认识;"典型例题分析与求解"部分通过对每章的典型例题进行分析,总结解题方法和步骤,以巩固、扩展和深化课堂教学,同时减少学生在日常学习中可能出现的困难. 而"应用案例"部分基本属于学生自学内容,增加这一部分是为了使学生了解数学理论、方法在实际问题中的应用. 希望通过案例的教学,使学生看到与过去教学所不同的方面,激发学生学习数学课程的兴趣;"练习题"部分包含各章学生应完成的作业,起到检查督促的作用. 而后通过"自测题"部分对自己的掌握情况进行检验. "模拟试卷”部分共包含五套试题，供学生在学期期末考试前进行自我检查.

本学习指导与练习是一线教师共同努力的结果，本书第2版由南京工业大学数学系邵建峰、刘彬、刘浩、王天荆、孙大飞、程浩、石玮、吕学斌等老师共同编写.在第2版的基础上，2018年数学系统一组织修订，是为第3版.由于编写时间仓促，其中若有错漏或不妥之处，还望使用本书的读者批评指正.

南京工业大学　数学系

2018年11月

目 录

第八章　空间解析几何与向量代数

第一节　内容提要

一、向量及其线性运算

1. 向量的基本概念

既有大小又有方向的量称为向量，通常表示为有向线段 $\overrightarrow{AB}$ 或 $\boldsymbol{a}$. 起点为原点的向量称为向径. 与起点无关的向量称为自由向量. 长度为 1 的向量称为单位向量. 长度为 0 的向量称为零向量，记为 $\mathbf{0}$.

在空间直角坐标系下，任意向量 $\boldsymbol{r}$ 与一对有序数组 (x, y, z) 可以建立一一对应关系，这时可以记 $\boldsymbol{r}=(x, y, z)$.

2. 向量的线性运算

(1) 加法：设 $\boldsymbol{a}=(a_x, a_y, a_z)$，$\boldsymbol{b}=(b_x, b_y, b_z)$，定义：

$$\boldsymbol{a}+\boldsymbol{b}=(a_x+b_x, a_y+b_y, a_z+b_z)$$

加法满足：(Ⅰ) 交换律：$\boldsymbol{a}+\boldsymbol{b}=\boldsymbol{b}+\boldsymbol{a}$；

(Ⅱ) 结合律：$(\boldsymbol{a}+\boldsymbol{b})+\boldsymbol{c}=\boldsymbol{a}+(\boldsymbol{b}+\boldsymbol{c})$.

(2) 数乘：设 $\boldsymbol{a}=(a_x, a_y, a_z)$，定义：

$$\lambda\boldsymbol{a}=(\lambda a_x, \lambda a_y, \lambda a_z)$$

数乘满足：(Ⅰ) 结合律：$\lambda(\mu\boldsymbol{a})=\mu(\lambda\boldsymbol{a})=(\lambda\mu)\boldsymbol{a}$；

(Ⅱ) 分配律：$(\lambda+\mu)\boldsymbol{a}=\lambda\boldsymbol{a}+\mu\boldsymbol{a}$；

$$\lambda(\boldsymbol{a}+\boldsymbol{b})=\lambda\boldsymbol{a}+\lambda\boldsymbol{b}.$$

3. 向量的模、方向角

设向量 $\boldsymbol{r}=(x, y, z)$，则 $\boldsymbol{r}$ 的模

$$|\boldsymbol{r}|=\sqrt{x^2+y^2+z^2}$$

向量 $\boldsymbol{r}$ 与三个坐标轴的夹角 α, β, γ 称为向量的方向角，方向余弦为

$$\cos\alpha=\frac{x}{\sqrt{x^2+y^2+z^2}},\ \cos\beta=\frac{y}{\sqrt{x^2+y^2+z^2}},\ \cos\gamma=\frac{z}{\sqrt{x^2+y^2+z^2}}$$

二、数量积、向量积

1. 两向量的数量积：设向量 $\boldsymbol{a}, \boldsymbol{b}$ 的夹角为 θ，此二向量的数量积：

$$\boldsymbol{a}\cdot\boldsymbol{b}=|\boldsymbol{a}|\cdot|\boldsymbol{b}|\cos\theta$$

(1) 性质:(Ⅰ) 交换律: $\boldsymbol{a}\cdot\boldsymbol{b}=\boldsymbol{b}\cdot\boldsymbol{a}$;

(Ⅱ) 分配律: $\boldsymbol{a}\cdot(\boldsymbol{b}+\boldsymbol{c})=\boldsymbol{a}\cdot\boldsymbol{b}+\boldsymbol{a}\cdot\boldsymbol{c}$;

(Ⅲ) 数乘结合律: $k(\boldsymbol{a}\cdot\boldsymbol{b})=(k\boldsymbol{a}\cdot)\cdot\boldsymbol{b}=\boldsymbol{a}\cdot(k\boldsymbol{b})$.

(2) 应用:(Ⅰ) 两向量夹角余弦 $\cos\theta=\dfrac{\boldsymbol{a}\cdot\boldsymbol{b}}{|\boldsymbol{a}||\boldsymbol{b}|}$;

(Ⅱ) $\boldsymbol{a}\perp\boldsymbol{b}\Leftrightarrow\boldsymbol{a}\cdot\boldsymbol{b}=0$.

2. 两向量的向量积:设向量 $\boldsymbol{a},\boldsymbol{b}$ 的夹角为 θ, 规定 $\boldsymbol{a}\times\boldsymbol{b}$ 是一向量,其大小为:

$$|\boldsymbol{a}\times\boldsymbol{b}|=|\boldsymbol{a}||\boldsymbol{b}|\sin\theta$$

方向: $\boldsymbol{a},\boldsymbol{b},\boldsymbol{a}\times\boldsymbol{b}$ 组成右手系.

(1) 性质:(Ⅰ) 反交换律: $\boldsymbol{a}\times\boldsymbol{b}=-\boldsymbol{b}\times\boldsymbol{a}$;

(Ⅱ) 分配律: $\boldsymbol{a}\times(\boldsymbol{b}+\boldsymbol{c})=\boldsymbol{a}\times\boldsymbol{b}+\boldsymbol{a}\times\boldsymbol{c}$;

(Ⅲ) 数乘结合律: $\lambda(\boldsymbol{a}\times\boldsymbol{b})=(\lambda\,\boldsymbol{a})\times\boldsymbol{b}=\boldsymbol{a}\times(\lambda\,\boldsymbol{b})$.

(2) 应用:直角坐标系下,$\triangle ABC$ 的面积

$$S_{\triangle ABC}=\frac{1}{2}\,|\overrightarrow{AB}\times\overrightarrow{AC}|.$$

三、曲面及其方程

1. 曲面方程:如果曲面 S 与方程 $F(x,y,z)=0$, 满足:

(1) 曲面 S 上的任意点的坐标都满足此方程;

(2) 不在曲面 S 上的点的坐标不满足此方程;

则 $F(x,y,z)=0$ 叫作曲面 S 的方程,曲面 S 叫作方程 $F(x,y,z)=0$ 的图形.

2. 旋转曲面:设 l 是 xOz 平面上一条曲线 $f(x,z)=0$, l 绕 z 旋转一周所得旋转曲面方程为 $f(\pm\sqrt{x^2+y^2},z)=0$, 如圆锥面 $z=a(x^2+y^2)$.

3. 柱面:圆柱面 $x^2+y^2=R^2$.

4. 几种常见的二次曲面

(1) 球面: $(x-x_0)^2+(y-y_0)^2+(z-z_0)^2=R^2$;

(2) 椭球面: $\dfrac{x^2}{a^2}+\dfrac{y^2}{b^2}+\dfrac{z^2}{c^2}=1$;

(3) 椭圆抛物面: $z=\dfrac{x^2}{a^2}+\dfrac{y^2}{b^2}$, 其中 $ab>0$.

四、空间曲线及其方程

空间曲线的一般方程和参数方程分别为

一般式: $\begin{cases}F(x,y,z)=0\\G(x,y,z)=0\end{cases}$, 参数式: $\begin{cases}x=x(t)\\y=y(t)\\z=z(t)\end{cases}$ (t 为参数).

五、平面及其方程

1. 平面的方程三种形式：

一般式：$Ax+By+Cz+D=0$；

点法式：$A(x-x_0)+B(y-y_0)+C(z-z_0)=0$；

截距式：$\dfrac{x}{a}+\dfrac{y}{b}+\dfrac{z}{c}=1$.

2. 面面之间的夹角：两平面 π_1、π_2 的法向量分别为 $\boldsymbol{n}_1$、$\boldsymbol{n}_2$，设两平面的夹角 $\theta\left(0\leqslant\theta\leqslant\dfrac{\pi}{2}\right)$，则

$$\cos\theta=\frac{|\boldsymbol{n}_1\cdot\boldsymbol{n}_2|}{|\boldsymbol{n}_1||\boldsymbol{n}_2|}$$

六、空间直线及其方程

1. 直线方程的三种形式

一般式：$\begin{cases}A_1x+B_1y+C_1z+D_1=0\\A_1x+B_1y+C_1z+D_1=0\end{cases}$；

参数式：$\begin{cases}x=x_0+mt\\y=y_0+nt\\z=z_0+pt\end{cases}$；

对称式：$\dfrac{x-x_0}{m}=\dfrac{y-y_0}{n}=\dfrac{z-z_0}{p}$.

2. 线面之间的夹角：直线 L 的方向向量 $\boldsymbol{s}$ 和平面 π 的法向量 $\boldsymbol{n}$，直线和平面之间的夹角为 $\varphi\left(0\leqslant\theta\leqslant\dfrac{\pi}{2}\right)$，则

$$\sin\varphi=\frac{|\boldsymbol{s}\cdot\boldsymbol{n}|}{|\boldsymbol{s}||\boldsymbol{n}|}$$

3. 线线之间的夹角：直线 L_1、L_2 的方向向量分别为 $\boldsymbol{s}_1$、$\boldsymbol{s}_2$，设两条直线的夹角为 $\theta\left(0\leqslant\theta\leqslant\dfrac{\pi}{2}\right)$，则

$$\cos\theta=\frac{|\boldsymbol{s}_1\cdot\boldsymbol{s}_2|}{|\boldsymbol{s}_1||\boldsymbol{s}_2|}$$

第二节　典型例题分析与求解

一、向量代数

例1　设 $\boldsymbol{a}=(1,1,4)$, $\boldsymbol{b}=(1,-2,2)$，求向量 $\boldsymbol{b}$ 在 $\boldsymbol{a}$ 上的投影与投影向量.

分析　利用数量积可以计算投影，但投影向量和投影是两个不同的概念. $\boldsymbol{b}$ 在 $\boldsymbol{a}$ 上的投影向量等于与 $\boldsymbol{a}$ 同方向的单位向量与投影进行数乘的结果.

解　与 $\boldsymbol{a}$ 同方向的单位向量

$$\boldsymbol{a}^0=\frac{\boldsymbol{a}}{|\boldsymbol{a}|}=\frac{1}{\sqrt{18}}(1,1,4)$$

向量 $\boldsymbol{b}$ 在 $\boldsymbol{a}$ 上的投影

$$Prj_{\boldsymbol{a}}\boldsymbol{b}=\frac{\boldsymbol{a}\cdot\boldsymbol{b}}{\boldsymbol{a}}=\frac{7}{\sqrt{18}}$$

而向量 $\boldsymbol{b}$ 在 $\boldsymbol{a}$ 上的投影向量

$$\frac{7}{\sqrt{18}}\boldsymbol{a}^0=\frac{7}{18}(7,7,14)$$

例2　如果向量 $\boldsymbol{n}$ 垂直于向量 $\boldsymbol{a}=(2,3,-1)$ 与 $\boldsymbol{b}=(1,-2,3)$，且与向量 $\boldsymbol{c}=(2,-1,1)$ 的数量积等于 -6，求向量 $\boldsymbol{n}$.

分析　根据数量积和向量积的定义，即可求出向量 $\boldsymbol{n}$.

解　向量 $\boldsymbol{a}$ 与 $\boldsymbol{b}$ 的向量积

$$\boldsymbol{a}\times\boldsymbol{b}=\begin{vmatrix}\boldsymbol{i} & \boldsymbol{j} & \boldsymbol{k}\\ 2 & 3 & -1\\ 1 & -2 & 3\end{vmatrix}=7(1,-1,-1)$$

由于 $\boldsymbol{n}$ 平行于 $\boldsymbol{a}\times\boldsymbol{b}$，故可设

$$\boldsymbol{n}=\lambda(\boldsymbol{a}\times\boldsymbol{b})=(7\lambda,-7\lambda,-7\lambda)$$

又 $\boldsymbol{n}\cdot\boldsymbol{c}=-6$，即

$$14\lambda+7\lambda-7\lambda=-6$$

所以 $\lambda=-\dfrac{3}{7}$，所求向量 $\boldsymbol{n}=(-3,3,3)$.

例3　设 $\boldsymbol{m}=2\boldsymbol{a}+\boldsymbol{b}$, $\boldsymbol{n}=k\boldsymbol{a}+\boldsymbol{b}$，其中 $|\boldsymbol{a}|=1$, $|\boldsymbol{b}|=2$，且 $\boldsymbol{a}\perp\boldsymbol{b}$，试问：

(1) k 为何值时，$\boldsymbol{m}\perp\boldsymbol{n}$；

(2) k 为何值时，以 $\boldsymbol{m}$, $\boldsymbol{n}$ 为邻边的平行四边形的面积为 6.

分析 本题考察向量的数量积和向量积的几何意义与运算规律. 首先根据向量的运算规律,如分配律、结合律对 $\boldsymbol{m}\cdot\boldsymbol{n}$ 和 $\boldsymbol{m}\times\boldsymbol{n}$ 进行化简,进而求出参数 k 值.

解 (1) 根据数量积的运算律,得

$$\boldsymbol{m}\cdot\boldsymbol{n}=(2\boldsymbol{a}+\boldsymbol{b})(k\boldsymbol{a}+\boldsymbol{b})=2k\,|\,\boldsymbol{a}\,|^2+(2+k)\boldsymbol{a}\cdot\boldsymbol{b}+|\,\boldsymbol{b}\,|^2$$

因为 $\boldsymbol{a}\perp\boldsymbol{b}$, 故 $\boldsymbol{a}\cdot\boldsymbol{b}=0$, 则

$$\boldsymbol{m}\cdot\boldsymbol{n}=2k+4$$

显然当 $k=-2$ 时, $\boldsymbol{m}\cdot\boldsymbol{n}=0$, 即 $\boldsymbol{m}\perp\boldsymbol{n}$.

(2) 根据向量积的运算律,得

$$\begin{aligned}\boldsymbol{m}\times\boldsymbol{n}&=(2\boldsymbol{a}+\boldsymbol{b})\times(k\boldsymbol{a}+\boldsymbol{b})\\&=2k\boldsymbol{a}\times\boldsymbol{a}+2(\boldsymbol{a}\times\boldsymbol{b})+k(\boldsymbol{b}\times\boldsymbol{a})+\boldsymbol{b}\times\boldsymbol{b}\\&=(2-k)(\boldsymbol{a}\times\boldsymbol{b})\end{aligned}$$

以 $\boldsymbol{m}$, $\boldsymbol{n}$ 为邻边的平行四边形的面积等于向量 $\boldsymbol{m}$ 与 $\boldsymbol{n}$ 向量积的模,则

$$|\,\boldsymbol{m}\times\boldsymbol{n}\,|=|\,(2-k)\,|\,|\,\boldsymbol{a}\times\boldsymbol{b}\,|=|\,2-k\,|\,|\,\boldsymbol{a}\,|\,|\,\boldsymbol{b}\,|\sin\frac{\pi}{2}=|\,4-2k\,|$$

令 $|\,4-2k\,|=6$, 得 $k=-1$ 或 $k=5$.

二、平面与直线

例 4 已知两相交的直线分别为

$$L_1:\frac{x-1}{1}=\frac{y-1}{1}=\frac{z-1}{1},L_2:\frac{x-3}{1}=\frac{y-1}{-1}=\frac{z-2}{2}$$

求由此二直线所确定的平面方程.

分析 建立平面方程的基本方法是点法式. 为此需找出平面上一点和平面的法向量,然后写出平面方程. 其难点在于求法向量,常利用向量的向量积运算求法向量.

解 两直线的方向向量分别为

$$\boldsymbol{s}_1=(1,1,1),\boldsymbol{s}_2=(1,-1,2)$$

平面的法向量同时垂直于 $\boldsymbol{s}_1,\boldsymbol{s}_2$, 故可取平面的法向量

$$\boldsymbol{n}=\boldsymbol{s}_1\times\boldsymbol{s}_2=\begin{vmatrix}\boldsymbol{i}&\boldsymbol{j}&\boldsymbol{k}\\1&1&1\\1&-1&2\end{vmatrix}=(1,-3,-2)$$

在直线 L_1 上取点 $(1,1,1)$, 此点在所求平面上. 故所求的平面方程为

$$(x-1)-3(y-1)-2(z-1)=0$$

即 $x-3y-2z=-4$.

例 5 设平面过点$(0,-1,0)$和点$(2,1,3)$,且在 x 轴上的截距为 2,求此平面的

方程.

分析 求平面方程常用的方法有两种:(1) 待定系数法,即先设出方程的含参数形式,然后再根据条件确定参数;(2) 求出平面上一点及平面的法向量,利用点法式给出方程.

解法一 用截距式给出平面方程.设平面的截距式方程为

$$\frac{x}{a}+\frac{y}{b}+\frac{z}{c}=1$$

由题中条件知,$a=2$,$b=-1$. 由平面过点(2, 1, 3),所以

$$\frac{2}{2}+\frac{1}{-1}+\frac{3}{c}=1$$

故 $c=3$. 于是所求的平面方程为

$$\frac{x}{2}+\frac{y}{-1}+\frac{z}{3}=1,\text{即 } 3x-6y+2z=6$$

解法二 用一般式给出平面方程.设平面方程为

$$Ax+By+Cz+D=0$$

因为平面过点(2, 0, 0)、(0, −1, 0)、(2, 1, 3),将这三个点代入平面方程,得

$$\begin{cases}2A \qquad\qquad\quad +D=0\\ \quad -B \qquad\quad +D=0\\ 2A+B+3C+D=0\end{cases}$$

解方程组,得 $A=-\frac{D}{2}$,$B=D$,$C=-\frac{D}{3}$. 代入平面方程,得

$$-\frac{D}{2}x+Dy-\frac{D}{3}z+D=0$$

由于 $D\neq 0$(为什么?),故所求的平面方程为

$$3x-6y+2z=6.$$

解法三 用点发式给出平面方程.设平面上的三个点 $P_1(2, 0, 0)$、$P_2(0, -1, 0)$、$P_3(2, 1, 3)$,故可取平面的法向量

$$\boldsymbol{n}=\overrightarrow{P_1P_2}\times\overrightarrow{P_1P_3}=\begin{vmatrix}\boldsymbol{i} & \boldsymbol{j} & \boldsymbol{k}\\ -2 & -1 & 0\\ 0 & 1 & 3\end{vmatrix}=(-3,6,-2)$$

故所求的平面方程为

$$-3(x-2)+6(y-0)-2(z-0)=0$$

即 $3x-6y+2z=6$.

例 6　求与两平面 $x-4z=3$ 和 $2x-y-5z=1$ 的交线平行且过点$(-3,2,5)$的直线方程.

分析　要求过定点的直线方程，只需要知道直线的方向向量，利用直线的点向式(对称式)方程就可以写出方程. 本例中与两平面交线平行的直线的方向向量分别垂直于两平面的法向量，因此可以取直线的方向向量为两平面法向量的向量积.

解　两平面的法向量分别为

$$\boldsymbol{n}_1=(1,0,-4),\boldsymbol{n}_2=(2,-1,-5)$$

则直线的方向向量可取为

$$\boldsymbol{s}=\boldsymbol{n}_1\times\boldsymbol{n}_2=\begin{vmatrix}\boldsymbol{i} & \boldsymbol{j} & \boldsymbol{k}\\ 1 & 0 & -4\\ 2 & -1 & -5\end{vmatrix}=(-4,-3,-1)$$

利用点向式可得直线方程为

$$\frac{x+3}{4}=\frac{y-2}{3}=\frac{z-5}{1}$$

例 7　求过点$(4,-1,3)$且与直线 $\dfrac{x-3}{2}=\dfrac{y}{1}=\dfrac{z-1}{5}$ 垂直相交的直线方程.

分析　本例有两种解法，一种可以设出直线的交点，写出要求直线的点向式方程，然后根据与已知直线相交及交点在已知直线上解得交点，最后求得直线. 上述方法计算有些繁琐，我们也可以先给出过点$(4,-1,3)$且与已知直线垂直相交的平面方程，而交点必在此平面上，利用已知直线的参数方程可以求出交点. 我们这里给出这两种解法，读者可以仔细体会这两种方法的异同.

解法一　设所求直线与直线 $\dfrac{x-3}{2}=y=\dfrac{z-1}{5}$ 的交点为(x_0,y_0,z_0)，则所求直线的点向式方程为

$$\frac{x-4}{x_0-4}=\frac{y+1}{y_0+1}=\frac{z-3}{z_0-3}$$

由题意可知 $\boldsymbol{s}_1=(x_0-4,y_0+1,z_0-3)$ 与已知直线的方向向量 $\boldsymbol{s}=(2,1,5)$ 垂直，则可得

$$2(x_0-4)+y_0+1+5(z_0-3)=0$$

由交点在已知直线上可得

$$\frac{x_0-3}{2}=y_0=\frac{z_0-1}{5}$$

解此方程组可得 $x_0=\dfrac{112}{30},y_0=\dfrac{11}{30},z_0=\dfrac{85}{30}$. 故所求直线方程为

$$\frac{x-4}{-8}=\frac{y+1}{41}=\frac{z-3}{-5}$$

解法二 过点 $(4,-1,3)$ 且与已知直线垂直相交的平面方程为

$$2(x-4)+(y+1)+5(z-3)=0$$

将已知直线的参数方程 $x=3+2t, y=t, z=1+5t$，代入上式得 $t=\frac{11}{30}$. 所以交点为 $\frac{1}{30}(112,11,85)$，所求直线方程为

$$\frac{x-4}{-8}=\frac{y+1}{41}=\frac{z-3}{-5}$$

例 8 求两异面直线 $L_1: \frac{x-9}{4}=\frac{y+2}{-3}=\frac{z}{1}, L_2: \frac{x}{-2}=\frac{y+7}{9}=\frac{z-2}{2}$ 的公垂线方程.

分析 要求此公垂线方程，只要求出此公垂线与这两条异面直线的交点，然后利用两点式写出公垂线方程.

解 首先将两直线的方程写成参数方程：

$$L_1: \begin{cases} x=9+4t \\ y=-2-3t, \\ z=t \end{cases} \quad L_2: \begin{cases} x=-2t \\ y=-7+9t \\ z=2+2t \end{cases}$$

设公垂线与直线 L_1, L_2 的交点分别为 P_1, P_2，其对应的参数分别为 t_1, t_2，即

$$P_1(9+4t_1,-2-3t_1,t_1), P_2(-2t_2,-7+9t_2,2+2t_2)$$

则 $\overrightarrow{P_1P_2}=(9+4t_1+2t_2, 5-3t_1-9t_2, -2+t_1-2t_2)$. 而公垂线的方向向量可取为

$$\boldsymbol{s}=\boldsymbol{s}_1\times\boldsymbol{s}_2=\begin{vmatrix} \boldsymbol{i} & \boldsymbol{j} & \boldsymbol{k} \\ 4 & -3 & 1 \\ -2 & 9 & 2 \end{vmatrix}=-5(3,2,-6)$$

显然有 $\overrightarrow{P_1P_2}//\boldsymbol{s}$，即

$$\frac{9+4t_1+2t_2}{3}=\frac{5-3t_1-9t_2}{2}=\frac{-2+t_1-2t_2}{-6}$$

解之得 $t_1=-2, t_2=1$，进而可得 $P_1(1,4,-2), P_2(-2,2,4)$，故所求公垂线方程为

$$\frac{x+2}{3}=\frac{y-2}{2}=\frac{z-4}{-6}$$

三、其它

例 9 求球面 $x^2+y^2+z^2=9$ 与平面 $x-z=1$ 的交线 C 在 xOy 面上的投影曲线方程.

分析 要求两个面交线在坐标面的投影曲线，需要先求出两曲面的交线，并在其

中消去某一变量，得到投影柱面，然后联立投影柱面与坐标面的方程得到投影曲线方程.

解　两个面的交线为

$$\begin{cases}x^2+y^2+z^2=1\\x\qquad -z=1\end{cases}$$

消去变量 z 得投影柱面方程为

$$2x^2+y^2-2x=8$$

两曲面的交线在 xOy 的投影曲线为

$$\begin{cases}2x^2+y^2-2x=8\\z=0\end{cases}$$

例 10　直线 $L:\dfrac{x-1}{0}=\dfrac{y}{1}=\dfrac{z}{1}$ 绕 z 轴旋转一周，求此旋转曲面的方程.

分析　绕 z 轴旋转，则 z 保持相对不变，而任意一点到 z 的距离不发生改变即点 (x_0,y_0,z_0) 绕成新点 (x_1,y_1,z_1) 时有如下关系：$z_0=z_1, x_0^2+y_0^2=x_1^2+y_1^2$.

解　在直线 $L:\dfrac{x-1}{0}=\dfrac{y}{1}=\dfrac{z}{1}$ 任取一点 $M_0(1,x_0,y_0)$，设 $M(x,y,z)$ 为 M_0 绕 z 轴旋转轨迹上的任一点，则有

$$\begin{cases}y_0=z_0=z\\x^2+y^2=1+y_0^2\end{cases}$$

将 $y_0=z$ 代入第二个方程可得旋转曲面方程为

$$x^2+y^2-z^2=1$$

例 11　求坐标原点 O 到直线 $L:\dfrac{x-1}{0}=\dfrac{y-1}{1}=\dfrac{z}{1}$ 的距离.

分析　求点到直线的距离，可以由此点向直线做垂线，然后确定垂足即可得到所求距离，但是非常繁琐. 一种简便的方法是：在直线上任取一点 P，连接两点 O，P 的直线、直线 L 和垂线构成一个直角三角形，这样只需知道两点 O，P 的距离和直线 OP 与直线 L 的夹角即可求出 O 到直线 L 的距离.

解　由直线 L 的方程易知，点 $P(1,1,0)$ 在直线 L 上，方向向量为 $\boldsymbol{s}_1=(0,1,1)$. 取连接 O，P 的直线的方向向量为 $\boldsymbol{s}_2=(1,1,0)$. 则直线 L 与直线 OP 的夹角余弦

$$\cos\varphi=\frac{|\boldsymbol{s}_1\cdot\boldsymbol{s}_2|}{|\boldsymbol{s}_1||\boldsymbol{s}_2|}=\frac{1}{2}$$

两点 O，P 的距离 $|OP|=\sqrt{2}$，故原点 O 到直线 L 的距离

$$d=|OP|\cos\varphi=\frac{\sqrt{2}}{2}$$

第三节 应用案例

本节是学生自学内容. 向量代数与空间解析几何是我们学习高等数学以及其它数学、物理课程的基础. 现在研究两个应用性的例子.

问题之一 怎样用向量代数方法证明几何定理: 直径所对的圆周角为直角.

证法分析 本命题是定理"同弧所对的圆周角等于圆心角的一半"的推论. 而圆周角、圆心角定理的证明是属于几何证明方法,并且还要区分圆周角与圆心角的三种相对位置关系,即圆心角的顶点在圆周角内、在圆周角的一边上或者在圆周角外,证明很有"技术性". 不少中学生觉得数学不好学,因而怕学数学,或许就是从平面几何,更直接地讲,是从平面几何定理的逻辑证明开始的.

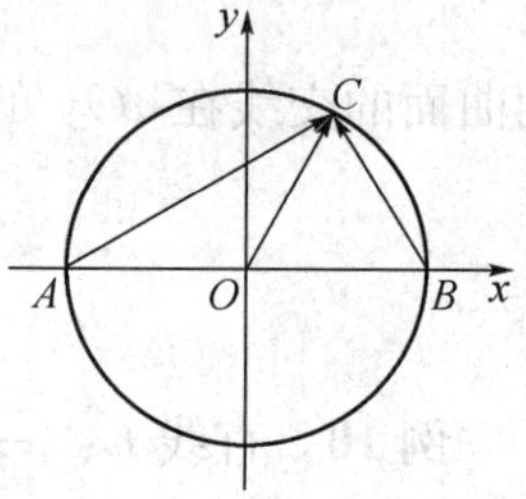

图1 直径所对的圆周角

如果现在我们借助于向量代数的方法再去证明该定理,大家可能会觉得更有趣味.

命题证明 如图1所示,设圆的半径为 R, 圆的直径 AB 所对的圆周角为 $\angle ACB$. 因为

$$\overrightarrow{AC}=\overrightarrow{OC}-\overrightarrow{OA},\qquad \overrightarrow{BC}=\overrightarrow{OC}-\overrightarrow{OB} \tag{8.1}$$

且 $\overrightarrow{OA}=-\overrightarrow{OB}$, 因而向量 $\overrightarrow{AC}$ 与 $\overrightarrow{BC}$ 的数量积(或内积)

$$\begin{aligned}\overrightarrow{AC}\cdot\overrightarrow{BC}&=(\overrightarrow{OC}-\overrightarrow{OA})\cdot(\overrightarrow{OC}-\overrightarrow{OB})\\&=(\overrightarrow{OC}+\overrightarrow{OB})\cdot(\overrightarrow{OC}-\overrightarrow{OB})=\overrightarrow{OC}\cdot\overrightarrow{OC}-\overrightarrow{OB}\cdot\overrightarrow{OB}\\&=|\overrightarrow{OC}|^2-|\overrightarrow{OB}|^2=R^2-R^2=0\end{aligned} \tag{8.2}$$

所以向量 $\overrightarrow{AC}$ 与 $\overrightarrow{BC}$ 垂直,即直径所对的圆周角为直角. 证毕.

方法推广 从上面的证明可见,用向量代数方法证明该几何命题,过程非常简单. 实际上,还有不少重要的几何命题也一样能用向量代数的方法去证明,例如平行四边形对角线互相平分定理及其逆命题,以及余弦定理的证明等. 这留给大家作为课后的自我练习题.

问题之二 设在平面坐标系下有两条平行直线方程为

$$2x-y=-3,\qquad 2x-y=2$$

试求这两直线之间的距离,并给出任意两条平行直线之间距离的一般公式.

问题分析 大家对平面上的点到点、点到直线的距离公式都是非常熟悉的. 但是对求两条平行直线之间的距离通常考虑不多,因而对该问题可能也会觉得无从下手.

现设在平面坐标系下任意两条平行直线的方程为

$$ax+by=c_1,\qquad ax+by=c_2$$

其中 $a^2+b^2\neq 0$，　$c_1\neq c_2$.

不难理解，两平行直线的法向量即为直线的系数向量 $\boldsymbol{A}=\{a, b\}$. 又不妨设 $b\neq 0$，则两直线在 y 轴上的截距分别为 $\dfrac{c_1}{b}$ 和 $\dfrac{c_2}{b}$（如图 2），于是截距点之间的连线向量为 $\boldsymbol{B}=\left\{0, \dfrac{c_2-c_1}{b}\right\}$. 两个平行直线之间距离的大小即为向量 $\boldsymbol{B}$ 在向量 $\boldsymbol{A}$ 方向上的投影.

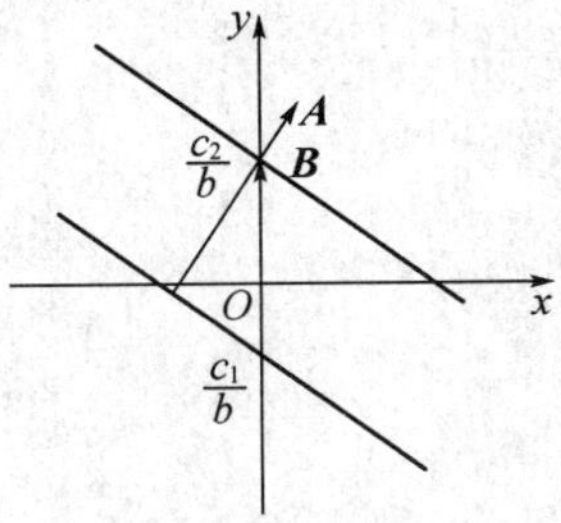

图 2　平行直线之间的距离

求解推导　先不妨设 $b\neq 0$. 因为数量积

$$\boldsymbol{A}\cdot\boldsymbol{B}=\|\boldsymbol{A}\|\,\|\boldsymbol{B}\|\cos\theta=\|\boldsymbol{A}\|\cdot Pr_{\boldsymbol{A}}\boldsymbol{B} \tag{8.3}$$

其中 $\|\cdot\|$ 表示向量的模，θ 是两向量的夹角，而 $Pr_{\boldsymbol{A}}\boldsymbol{B}$ 即表示向量 $\boldsymbol{B}$ 在向量 $\boldsymbol{A}$ 方向上的投影(Project). 所以

$$Pr_{\boldsymbol{A}}\boldsymbol{B}=\frac{\boldsymbol{A}\cdot\boldsymbol{B}}{\|\boldsymbol{A}\|}=\frac{\{a, b\}\cdot\left\{0, \dfrac{c_2-c_1}{b}\right\}}{\|\boldsymbol{A}\|}$$

$$=\frac{b\cdot\dfrac{c_2-c_1}{b}}{\|\boldsymbol{A}\|}=\frac{c_2-c_1}{\sqrt{a^2+b^2}} \tag{8.4}$$

这两个平行直线之间的距离即为

$$d=\frac{|c_2-c_1|}{\sqrt{a^2+b^2}} \tag{8.5}$$

并且当 $b=0$ 时，公式是一样成立的.

将其运用到前面给定的两条平行直线上去，不难得到它们之间的距离 $d=\dfrac{|2-(-3)|}{\sqrt{2^2+(-1)^2}}=\sqrt{5}$.

背景说明　平行直线之间的距离问题不仅仅是个数学问题，而且在《模式识别》课程（属于“人工智能”领域）的“支撑向量机”分类方法推导中也用到了这一结论. 至于说该结论能否推广到三维或更高维空间中的两个平行平面或超平面之间的距离问题上去，就请同学们自己去考虑了。

向量代数几何与工程应用的例子还可以举出很多.

第四节 练习题

8 - 1 向量及其线性运算

1. 设 $\boldsymbol{u}=\boldsymbol{a}-\boldsymbol{b}+2\boldsymbol{c}$，$\boldsymbol{v}=-\boldsymbol{a}+3\boldsymbol{b}-\boldsymbol{c}$，试用 $\boldsymbol{a},\boldsymbol{b},\boldsymbol{c}$ 表示 $2\boldsymbol{u}-3\boldsymbol{v}$.

2. 如果平面上一个四边形的对角线互相平分，试用向量证明它是平行四边形.

3. 已知两点 $M_1(0,1,2)$ 和 $M_2(1,-1,0)$，试用坐标表达式表示向量 $\overrightarrow{M_1M_2}$ 及 $-2\overrightarrow{M_1M_2}$.

4. 求平行于 $\boldsymbol{\alpha}=(6,7,-6)$ 的单位向量.

5. 已知两点 $M_1(4,\sqrt{2},1)$ 和 $M_2(3,0,2)$，计算向量 $\overrightarrow{M_1M_2}$ 的模、方向余弦和方向角.

6. 设向量 $\boldsymbol{a}$ 的模为 4，它与 u 轴的夹角为 $60°$，求 $\boldsymbol{a}$ 在 u 轴上的投影.

7. 设 $\boldsymbol{m}=3\boldsymbol{i}+5\boldsymbol{j}+8\boldsymbol{k}$，$\boldsymbol{n}=2\boldsymbol{i}-4\boldsymbol{j}-7\boldsymbol{k}$ 和 $\boldsymbol{p}=5\boldsymbol{i}+\boldsymbol{j}-4\boldsymbol{k}$，求向量 $\boldsymbol{a}=4\boldsymbol{m}+3\boldsymbol{n}-\boldsymbol{p}$ 在 x 轴上的投影及在 y 轴上的分向量.

8-2 数量积 向量积 *混合积

1. 设 $\boldsymbol{a}=3\boldsymbol{i}-\boldsymbol{j}-2\boldsymbol{k}$，$\boldsymbol{b}=\boldsymbol{i}+2\boldsymbol{j}-\boldsymbol{k}$，求：

(1) $\boldsymbol{a}\cdot\boldsymbol{b}$；

(2) $\boldsymbol{a}$ 与 $\boldsymbol{b}$ 的夹角余弦；

(3) $\boldsymbol{a}\times\boldsymbol{b}$.

2. 已知 $\boldsymbol{a},\boldsymbol{b},\boldsymbol{c}$ 为单位向量，且 $\boldsymbol{a}+\boldsymbol{b}+\boldsymbol{c}=\boldsymbol{0}$，求 $\boldsymbol{a}\cdot\boldsymbol{b}+\boldsymbol{b}\cdot\boldsymbol{c}+\boldsymbol{c}\cdot\boldsymbol{a}$.

3. 设 $\boldsymbol{a}=(3,5,-2)$，$\boldsymbol{b}=(2,1,4)$，问当 λ 与 μ 有怎样的关系，能使得 $\lambda\boldsymbol{a}+\mu\boldsymbol{b}$ 与 z 轴垂直？

4. 已知 $M_1(1,-1,2)$，$M_2(3,3,1)$ 和 $M_3(3,1,3)$，求与 $\overrightarrow{M_1M_2}$ 和 $\overrightarrow{M_2M_3}$ 同时垂直的单位向量.

5. 已知向量 $\boldsymbol{a}=(4,-3,4)$ 和 $\boldsymbol{b}=(2,2,1)$，求 $\boldsymbol{a}$ 在 $\boldsymbol{b}$ 上的投影，并将 $\boldsymbol{a}$ 分解为 $\boldsymbol{a}=\boldsymbol{m}+\boldsymbol{n}$，其中 $\boldsymbol{m}\perp\boldsymbol{b}$，$\boldsymbol{n}\parallel\boldsymbol{b}$.

6. 已知两点 $\overrightarrow{OA}=\boldsymbol{i}+3\boldsymbol{k}$ 和 $\overrightarrow{OB}=\boldsymbol{j}+3\boldsymbol{k}$，求 $\triangle OAB$ 的面积.

8-3 平面及其方程

1. 求过点 $M(3,0,-1)$ 且与平面 β: $3x-7y+5z-12=0$ 平行的平面方程.

2. 求过点 $A(1,1,-1)$,$B(-2,-2,2)$ 和 $C(1,-1,2)$ 的平面方程.

3. 画出下列各平面：

(1) $3y-1=0$； (2) $x-\sqrt{3}y=0$；

(3) $2x-3y-6=0$； (4) $6x+5y-z=0$.

4. 求过点 $M(1,0,-1)$ 且与向量 $\boldsymbol{a}=(2,1,1)$ 和 $\boldsymbol{b}=(1,-1,0)$ 平行的平面 α.

5. 求平面 $2x-2y+z+5=0$ 与各坐标面夹角的余弦.

6. 求点 $A(1,2,1)$ 到平面 α: $x+2y+2z-10=0$ 的距离 d.

8-4 空间直线及其方程

1. 求过点 $M(4,-1,3)$ 且平行于直线 L_1：$\dfrac{x-3}{2}=\dfrac{y}{1}=\dfrac{z-1}{5}$ 的直线 L_2 的方程.

2. 求过点 $M_1(3,-2,1)$ 和 $M_2(-1,0,2)$ 的直线 L 的方程.

3. 用对称式方程及参数方程表示直线 L：$\begin{cases}x-y+z=1\\2x+y+z=4\end{cases}$.

4. 求直线 L_1：$\begin{cases}5x-3y+3z-9=0\\3x-2y+z-1=0\end{cases}$ 与直线 L_2：$\begin{cases}2x+2y-z+23=0\\3x+8y+z-18=0\end{cases}$ 的夹角余弦 $\cos\varphi$.

5. 求直线 L：$\begin{cases}x+y+3z=0\\x-y-z=0\end{cases}$ 与 π：$x-y-z+1=0$ 的夹角 φ.

6. 求点 $P(3,-1,2)$ 到直线 L：$\begin{cases}x+y-z+1=0\\2x-y+z-4=0\end{cases}$ 的距离 d.

8 - 5 曲面及其方程

1. 一动点 M 与两定点 $A(2,3,1)$ 和 $B(4,5,6)$ 等距离，求该动点 M 的轨迹方程.

2. 将 xOz 坐标面上的抛物线 $z^2 = 5x$ 绕 x 轴旋转一周，求所生成的旋转曲面的方程.

3. 将 xOy 坐标面上的双曲线 $4x^2 - 9y^2 = 36$ 分别绕 x 轴及 y 轴旋转一周，求所生成的旋转曲面的方程.

8-6 空间曲线及其方程

1. 求球面 $x^2+y^2+z^2=9$ 与平面 $x+z=1$ 的交线在 xOy 面上的投影的方程.

2. 求母线平行于 x 轴,而且通过曲线 $\begin{cases}2x^2+y^2+z^2=16\\x^2+z^2-y^2=0\end{cases}$ 的柱面方程.

3. 求上半球 $0\leqslant z\leqslant\sqrt{a^2-x^2-y^2}$ 与圆柱体 $x^2+y^2\leqslant ax(a>0)$ 的公共部分在 xOy 面和 xOz 面上的投影.

第五节　自测题

一、判断题(每题 3 分,共 18 分)

1. $(\boldsymbol{a}\cdot\boldsymbol{b})^2=\boldsymbol{a}^2\cdot\boldsymbol{b}^2$.　(　　)
2. $(\boldsymbol{a}\times\boldsymbol{b})^2+(\boldsymbol{a}\cdot\boldsymbol{b})^2=\boldsymbol{a}^2\cdot\boldsymbol{b}^2$.　(　　)
3. 若 $\boldsymbol{a}\cdot\boldsymbol{b}=0,\boldsymbol{a}\times\boldsymbol{c}=\boldsymbol{0}$, 那么 $\boldsymbol{b}\cdot\boldsymbol{c}=0$.　(　　)
4. 直线 $\frac{x}{3}=\frac{y}{-2}=\frac{z}{7}$ 与平面 $3x-2y+7z=8$ 相互平行.　(　　)
5. 点 $P(1,3,-2)$ 是球面 $x^2+y^2+z^2-2x-6y+4z=0$ 的球心.　(　　)
6. 平面 $z=1$ 截曲面 $z=\frac{x^2}{4}+\frac{y^2}{9}$ 所得截口曲线为一椭圆.　(　　)

二、填空题(每题 3 分,共 24 分)

1. 若三角形的三个顶点为 $A(3,2,1)$、$B(0,1,2)$、$C(0,0,0)$, 则其重心为________.
2. 已知 $\boldsymbol{a},\boldsymbol{b}$ 不共线,若 $\boldsymbol{\alpha}=\boldsymbol{a}+\boldsymbol{b},\boldsymbol{\beta}=8\boldsymbol{a}+k\boldsymbol{b}$ 共线,那么 $k=$________.
3. 已知向量 $\boldsymbol{a}=(3,5,-4),\boldsymbol{b}=(2,1,8)$, 设 $\lambda\boldsymbol{a}+\boldsymbol{b}$ 与 z 轴垂直,则 $\lambda=$________.
4. 已知 $A(1,2,-3)$、$B(3,0,1)$, 则以 AB 为直径的球面方程为________.
5. 直线 $\begin{cases}y-z=0\\x=0\end{cases}$ 绕 y 轴旋转而成的旋转曲面方程为________.
6. 圆 $\begin{cases}x^2+y^2+z^2=25\\z=3\end{cases}$ 的圆心为________. 半径为________.
7. 一直线与三坐标轴的夹角分别为 α、β、γ, 则 $\sin^2\alpha+\sin^2\beta+\sin^2\gamma=$________.
8. 当 $k=$________, 及 $m=$________ 时,直线 $\begin{cases}x=2t+2\\y=-4t-5\\z=3t-1\end{cases}$ 与平面 $kx+my+6z-7=0$ 垂直.

三、选择题(每题 3 分,共 18 分)

1. 已知二向量 $\boldsymbol{a}=(0,3,4),\boldsymbol{b}=(2,1,-2)$, 则 $Prj_{\boldsymbol{b}}\boldsymbol{a}$ 等于　(　　)

   A. 5　　B. $-\frac{1}{3}$　　C. $-\frac{5}{3}$　　D. $\frac{1}{3}$

2. 在平行四边形 $ABCD$, 已知三顶点的坐标分别为 $A(0,-2,0)$、$B(2,0,1)$ 和 $C(0,4,2)$, 那么 B 的对称点 D 的坐标为　(　　)

   A. $(2,2,1)$　　B. $(-2,2,1)$

   C. $(2,-2,1)$　　D. $(2,2,-1)$

3. 设 $\boldsymbol{a}=(a_x,a_y,a_z),\boldsymbol{b}=(b_x,b_y,b_z)$, 则 $\boldsymbol{a}\perp\boldsymbol{b}$ 的充分必要条件是　(　　)

   A. $a_x=b_x\quad a_y=b_y\quad a_z=b_z$

   B. $a_xb_x+a_yb_y+a_zb_z=0$

C. $\dfrac{a_x}{b_x}=\dfrac{a_y}{b_y}=\dfrac{a_z}{b_z}$

D. $a_x+a_y+a_z=b_x+b_y+b_z$

4. 设向量 $\boldsymbol{a},\boldsymbol{b},\boldsymbol{c}$ 的模分别为 3,6,7，且 $\boldsymbol{a}+\boldsymbol{b}+\boldsymbol{c}=\boldsymbol{0}$，则 $\boldsymbol{a}\cdot\boldsymbol{b}+\boldsymbol{b}\cdot\boldsymbol{c}+\boldsymbol{c}\cdot\boldsymbol{a}$ 等于 (　　)

A. 45　　B. -47　　C. 42　　D. -43

5. 设平面方程为 $Bx+Cz+D=0$，且 $BCD\neq 0$，则平面 (　　)

A. 平行于 x 轴　　B. 平行于 y 轴

C. 经过 y 轴　　D. 垂直于 y 轴

6. 曲线 $\begin{cases}x=a\cos\theta\\y=a\sin\theta\\z=b\theta\end{cases}$ 在 xOy 面上的投影曲线是 (　　)

A. $\begin{cases}x^2+y^2=a^2\\z=0\end{cases}$　　B. $\begin{cases}x=a\cos\left(\dfrac{z}{b}\right)\\z=0\end{cases}$

C. $\begin{cases}y=a\cos\left(\dfrac{z}{b}\right)\\z=0\end{cases}$　　D. $\begin{cases}x=a\cos\left(\dfrac{z}{b}\right)\\y=a\sin\left(\dfrac{z}{b}\right)\end{cases}$

四、(15 分)已知空间三点 $A(1,2,3)$、$B(2,-1,5)$ 和 $C(3,2,-5)$，求：

(1) $\triangle ABC$ 的面积；　　(2) $\triangle ABC$ 的 AB 边上的高；

(3) $\angle A$ 的余弦值；　　(4) $\triangle ABC$ 所在的平面方程；

(5) 过 A 且与 BC 边平行的直线方程.

五、(6 分)设 $\boldsymbol{a}+3\boldsymbol{b}\perp 7\boldsymbol{a}-5\boldsymbol{b}$,$\boldsymbol{a}-4\boldsymbol{b}\perp 7\boldsymbol{a}-2\boldsymbol{b}$,求向量 $\boldsymbol{a}$ 与 $\boldsymbol{b}$ 的夹角.

六、(10 分)一镜面放在平面 $\pi:2x-y+3z=11$ 上,在镜面上方有两点 $A(1,2,-1)$、$B(-2,1,3)$,现从 A 点发射一束光至镜面上点 P 处,其反射光线通过 B 点,试求点 P 的位置.

七、(9 分)求平行于平面 $x+y+z=100$，且与球面 $x^2+y^2+z^2=4$ 相切的平面方程.

第六节　练习题与自测题答案

练习题答案

8-1

1. $5\boldsymbol{a}-11\boldsymbol{b}+7\boldsymbol{c}$.
2. 略
3. $\overrightarrow{M_1M_2}=(1,-2,-2)$, $-2\overrightarrow{M_1M_2}=(-2,4,4)$.
4. $\left(\frac{6}{11},\frac{7}{11},-\frac{6}{11}\right)$ 或 $\left(-\frac{6}{11},-\frac{7}{11},\frac{6}{11}\right)$.
5. $2,\left(-\frac{1}{2},-\frac{\sqrt{2}}{2},\frac{1}{2}\right),\left(\frac{2\pi}{3},\frac{3\pi}{4},\frac{\pi}{3}\right)$.
6. 2
7. $13,7\boldsymbol{j}$

8-2

1. $3,\frac{3}{2\sqrt{21}}$, $(5,1,7)$.
2. $-\frac{3}{2}$.
3. $\lambda=2\mu$.
4. $\mp\frac{1}{\sqrt{17}}(3,-2,-2)$.
5. $Prj_{\boldsymbol{b}}\boldsymbol{a}=2,\boldsymbol{n}=\left(\frac{4}{3},\frac{4}{3},\frac{2}{3}\right),\boldsymbol{m}=\left(\frac{8}{3},-\frac{13}{3},\frac{10}{3}\right)$.
6. $\frac{1}{2}\sqrt{19}$.

8-3

1. $3x-7y+5z-4=0$.
2. $\alpha:x-3y-2z=0$.
3. 略
4. $x+y-3z-4=0$.
5. $\frac{1}{3},\frac{2}{3},\frac{2}{3}$
6. $d=1$.

8-4

1. $\frac{x-4}{2}=\frac{y+1}{1}=\frac{z-3}{5}$.
2. $\frac{x-3}{-4}=\frac{y+2}{2}=\frac{z-1}{1}$.

3. $\dfrac{x-1}{-2}=\dfrac{y-1}{1}=\dfrac{z-1}{3}$.

4. 0.

5. 0.

6. $\dfrac{3\sqrt{2}}{2}$.

8－5

1. $4x+4y+10z-63=0$.

2. $y^2+z^2=5x$.

3. 绕 x 轴 $4x^2-9(y^2+z^2)=36$，绕 y 轴 $4(x^2+z^2)-9y^2=36$.

8－6

1. $\begin{cases}x^2+y^2+(1-x)^2=9\\z=0\end{cases}$.

2. $3y^2-z^2=16$.

3. $\begin{cases}x^2+y^2\leqslant ax\\z=0\end{cases}$；$\begin{cases}x^2+z^2\leqslant a^2 \quad x\geqslant 0,z\geqslant 0\\y=0\end{cases}$.

自测题答案

一、判断题

1. × 2. × 3. √ 4. × 5. √ 6. √

二、填空题

1. (1,1,1) 2. 8 3. 2

4. $(x-2)^2+(y-1)^2+(z+1)^2=6$

5. $y^2=x^2+z^2$ 6. (0,0,3) 4 7. 2 8. 4 －8

三、选择题

1. C 2. B 3. B 4. B 5. B 6. A

四、1. $3\sqrt{21}$ 2. $3\sqrt{6}$ 3. $-\dfrac{1}{2}\sqrt{\dfrac{14}{17}}$ 4. $4x+2y+z=11$ 5. $\dfrac{x-1}{1}=\dfrac{y-2}{3}=\dfrac{z-3}{-10}$

五、$\theta=\dfrac{\pi}{3}$.

六、$P\left(\dfrac{1}{3},\dfrac{2}{3},\dfrac{11}{3}\right)$.

七、$x+y+z=\pm 2\sqrt{3}$.

第九章　多元函数微分学及其应用

第一节　内容提要

一、多元函数的有关概念

1. 多元函数:非空点集 $D\subset\mathbf{R}^n$ 到数集的映射 $f:D\to\mathbf{R}$,称为定义在 D 上的 n 元函数,记作

$$u=f(x_1,x_2,\cdots,x_n)\text{ 或 }u=f(P),\ P\in D$$

点集 D 称为函数的定义域,数集 $\{u\mid u=f(P),\ P\in D\}$ 称为函数的值域. 特别地,当 $n=2$ 时,有二元函数

$$z=f(x,y),(x,y)\in D\subset\mathbf{R}^2$$

2. 重极限:设 n 元函数 $f(P)$, $P\in D\subset\mathbf{R}^n$, P_0 是 D 的聚点,若存在常数 A,对任意正数ε,总存在正数δ,对一切 $P\in D\cap \mathring{U}(P_0,\delta)$,都有 $|f(P)-A|<\varepsilon$,则称 A 为函数 $f(P)$ 当 $P\to P_0$ 时的极限,记作 $\lim\limits_{P\to P_0}f(P)=A$. 当 $n=2$ 时,二元函数的极限可写作:

$$\lim_{\rho\to 0}f(x,y)=A,\text{ 或 }\lim_{(x,y)\to(x_0,y_0)}f(x,y)=A.$$

其中 $\rho=\sqrt{(x-x_0)^2+(y-y_0)^2}$. 若当点 $P(x,y)$ 以不同方式趋于点 $P_0(x_0,y_0)$ 时,函数趋于不同值或有的极限不存在,则可以断定函数极限不存在.

3. 多元函数的连续性:设 n 元函数 $f(P)$,定义在 D 上,聚点 $P_0\in D$,如果存在

$$\lim_{P\to P_0}f(P)=f(P_0)$$

则称 n 元函数 $f(P)$ 在点 P_0 连续,否则称为不连续,此时点 P_0 称为间断点.

若 $f(P)$ 在有界闭域 D 上连续,则有如下性质:

(1) 有界性定理:$\exists K>0$,使 $|f(P)|\leqslant K$, $P\in D$;

(2) 最值定理:$f(P)$ 在 D 上可取得最大值 M 及最小值 m;

(3) 介值定理:对任意 $\mu\in[m,M]$, $\exists Q\in D$,使 $f(Q)=\mu$.

二、偏导数

1. 二元函数偏导数

(1) 如果 $\lim\limits_{\Delta x\to 0}\dfrac{f(x_0+\Delta x,\ y_0)-f(x_0,\ y_0)}{\Delta x}$ 存在,则称为函数 $z=f(x,y)$ 在点

$P(x_0,y_0)$ 对 x 的偏导数,并记作 $\dfrac{\partial z}{\partial x},\dfrac{\partial f}{\partial x},z_x(x_0,y_0)$ 或 $f_x(x_0,y_0),f'_1(x_0,y_0)$.

(2) 如果 $\lim\limits_{\Delta y\to 0}\dfrac{f(x_0,\ y_0+\Delta y)-f(x_0,\ y_0)}{\Delta y}$ 存在,则称为函数 $z=f(x,y)$ 在点 $P(x_0,y_0)$ 对 y 的偏导数,并记作 $\dfrac{\partial z}{\partial y},\dfrac{\partial f}{\partial y},z_y(x_0,y_0)$ 或 $f_y(x_0,y_0),f'_2(x_0,y_0)$.

2. 偏导数的几何意义

(1) 偏导数 $f_x(x_0,y_0)$ 表示曲线 $\begin{cases}z=f(x,y)\\y=y_0\end{cases}$ 在点 $P(x_0,y_0)$ 的切线关于 x 轴的斜率.

(2) 偏导数 $f_y(x_0,y_0)$ 表示曲线 $\begin{cases}z=f(x,y)\\x=x_0\end{cases}$ 在点 $P(x_0,y_0)$ 的切线关于 y 轴的斜率.

3. 偏导数的计算:在求 z_x 时,把 y 看作常量而对 x 求导;在求 z_y 时,把 x 看作常量而对 y 求导.

4. 高阶偏导数:函数的二阶及二阶以上的偏导数统称为高阶偏导数.

三、全微分

1. 全微分:设函数 $z=f(x,y)$ 在点 $P(x,y)$ 的某一邻域内有定义,若函数 $z=f(x,y)$ 的全增量可以表示为

$$\Delta z=f(x+\Delta x,y+\Delta y)-f(x,y)=A\Delta x+B\Delta y+o(\rho)$$

其中 A,B 为不依赖于 $\Delta x,\Delta y$ 而仅与 x,y 有关的常数,$\rho=\sqrt{(\Delta x)^2+(\Delta y)^2}$,则称函数 $z=f(x,y)$ 在点 $P(x,y)$ 处可微,并称 $A\Delta x+B\Delta y$ 为函数 $z=f(x,y)$ 在点 $P(x,y)$ 的全微分,记作 $\mathrm{d}z$,即 $\mathrm{d}z=A\Delta x+B\Delta y$,或记为 $\mathrm{d}z=A\mathrm{d}x+B\mathrm{d}y$.

2. 可微与连续的关系

(1) 如果函数 $z=f(x,y)$ 在点 $P(x,y)$ 处可微,则其在该点处连续;

(2) 反之,函数 $z=f(x,y)$ 在点 $P(x,y)$ 连续,但不一定可微.

3. 可微与可求偏导的关系

(1) 如果函数 $z=f(x,y)$ 在点 $P(x,y)$ 处可微,则 $z=f(x,y)$ 在点 $P(x,y)$ 处的偏导数 z_x,z_y 都存在,且 $\mathrm{d}z=z_x\mathrm{d}x+z_y\mathrm{d}y$;

(2) 反之,函数 $z=f(x,y)$ 在点 $P(x,y)$ 可求偏导,函数在点 $P(x,y)$ 不一定可微.

四、多元复合函数的求导法则

1. 如果函数 $u=\varphi(t)$ 及 $v=\psi(t)$ 都在点 t 可导,函数 $z=f(u,v)$ 在对应点 (u,v) 具有连续偏导数,则复合函数 $z=f(\varphi(t),\psi(t))$ 在可导,且

$$\frac{\mathrm{d}z}{\mathrm{d}t}=\frac{\partial z}{\partial u}\frac{\mathrm{d}u}{\mathrm{d}t}+\frac{\partial z}{\partial v}\frac{\mathrm{d}v}{\mathrm{d}t}.$$

2. 对 $z=f(u,v)$ 与 $u=\varphi(x,y),v=\psi(x,y)$ 的复合函数 $z=f(\varphi(x,y),\psi(x,y))$，如果 $z=f(u,v)$ 在对应点 (u,v) 具有连续偏导数，且 $\varphi(x,y),\psi(x,y)$ 对 x,y 的偏导数存在，则复合函数 $z=f(\varphi(x,y),\psi(x,y))$ 的偏导数也存在，且有公式

$$\frac{\partial z}{\partial x}=\frac{\partial z}{\partial u}\frac{\partial u}{\partial x}+\frac{\partial z}{\partial v}\frac{\partial v}{\partial x},\qquad \frac{\partial z}{\partial y}=\frac{\partial z}{\partial u}\frac{\partial u}{\partial y}+\frac{\partial z}{\partial v}\frac{\partial v}{\partial y}$$

五、隐函数的求导公式

1. $F(x,y)=0$ 情形：设方程 $F(x,y)=0$ 在点 $P_0(x_0,y_0)$ 的某一个邻域内满足一定条件，则其确定的唯一隐函数 $y=y(x)$ 有

$$\frac{\mathrm{d}y}{\mathrm{d}x}=-\frac{F_x}{F_y}$$

2. $F(x,y,z)=0$ 情形：设方程 $F(x,y,z)=0$ 在点 $P_0(x_0,y_0,z_0)$ 的某一个邻域内满足一定条件，则其确定的唯一隐函数 $z=f(x,y)$ 有

$$\frac{\partial z}{\partial x}=-\frac{F_x}{F_z},\qquad \frac{\partial z}{\partial y}=-\frac{F_y}{F_z}$$

六、多元函数微分学的几何应用

1. 空间曲线的切线与法平面

设空间光滑曲线 Γ 的参数方程为 $\begin{cases}x=\varphi(t)\\ y=\psi(t)\\ z=\omega(t)\end{cases}$，曲线 Γ 上点 $M_0(x_0,y_0,z_0)$ 处（对应 t 值为 $t=t_0$）的切向量是 $\boldsymbol{s}=(\varphi'(t_0),\ \psi'(t_0),\ \omega'(t_0))$，切线和法平面的方程分别为

$$\frac{x-x_0}{\varphi'(t_0)}=\frac{y-y_0}{\psi'(t_0)}=\frac{z-z_0}{\omega'(t_0)},$$

$$\varphi'(t_0)(x-x_0)+\psi'(t_0)(y-y_0)+\omega'(t_0)(z-z_0)=0$$

2. 曲面的切平面与法线

如果光滑曲面 $\sum$ 的隐式方程为 $F(x,y,z)=0$，$M_0(x_0,y_0,z_0)$ 是曲面 $\sum$ 上一定点，则曲面 $\sum$ 在点 M_0 处的法向量是 $\boldsymbol{n}=(F_x(M_0),\ F_y(M_0),\ F_z(M_0))$，切平面和法线方程分别为

$$F_x(x_0,y_0,z_0)(x-x_0)+F_y(x_0,y_0,z_0)(y-y_0)+F_z(x_0,y_0,z_0)(z-z_0)=0$$

$$\frac{x-x_0}{F_x(x_0,y_0,z_0)}=\frac{y-y_0}{F_y(x_0,y_0,z_0)}=\frac{z-z_0}{F_z(x_0,y_0,z_0)}$$

如果曲面 $\sum$ 的方程由显函数 $z=f(x,y)$ 给出，切平面和法线方程分别为

$$f_x(x_0,y_0)(x-x_0)+f_y(x_0,y_0)(y-y_0)-(z-z_0)=0$$

$$\frac{x-x_0}{f_x(x_0,y_0)}=\frac{y-y_0}{f_y(x_0,y_0)}=\frac{z-z_0}{-1}.$$

七、方向导数与梯度

1. 方向导数:如果函数 $z=f(x,y)$ 在点 $P(x,y)$ 处沿方向 l 极限

$$\lim_{\rho\to 0}\frac{f(x+\Delta x,y+\Delta y)-f(x,y)}{\rho}$$

存在,其中 $\rho=\sqrt{(\Delta x)^2+(\Delta y)^2}$,则称此极限为 $f(x,y)$ 在点 P_0 沿方向 l 的方向导数,记作 $\frac{\partial f}{\partial l}$. 方向导数与偏导数的关系:

$$\frac{\partial f}{\partial l}=\frac{\partial f}{\partial x}\cos\alpha+\frac{\partial f}{\partial y}\cos\beta,$$

其中 $\cos\alpha,\cos\beta$ 为 l 的方向余弦.

2. 梯度:向量 $\left\{\frac{\partial f}{\partial x},\frac{\partial f}{\partial y}\right\}$ 为函数 $z=f(x,y)$ 在点 $P(x,y)$ 的梯度,记作 $\mathbf{grad}f$. 函数在一点处的梯度方向是在该点处函数值增大最快的方向,即梯度方向垂直于等高线.

八、多元函数的极值及其求法

1. 极值存在的必要条件:设多元函数在点 P_0 处具有偏导数,且在 P_0 点处有极值,则其在 P_0 处的梯度为零向量,也就是它在该点的所有一阶偏导数必然为零.

2. 极值存在的充分条件:设函数 $z=f(x,y)$ 在点 $P_0(x_0,y_0)$ 的某一邻域内连续,且具有一阶、二阶连续的偏导数,又 $f_x(x_0,y_0)=0$,$f_y(x_0,y_0)=0$,记 $A=f_{xx}(x_0,y_0)$,$B=f_{xy}(x_0,y_0)$,$C=f_{yy}(x_0,y_0)$,则

(1) 当 $AC-B^2>0$ 时具有极值,且当 $A<0$ 时有极大值,当 $A>0$ 时有极小值;

(2) 当 $AC-B^2<0$ 时没有极值;

(3) 当 $AC-B^2=0$ 不能确定是否有极值,需另作讨论.

3. 二元函数最值的计算

(1) 将函数 $f(x,y)$ 在 D 内的所有驻点以及偏导数不存在点处的函数值,及其在 D 的边界上的值相比较,其中最大者就是最大值,最小者就是最小值.

(2) 在实际问题中,如果根据问题的性质,知道函数 $f(x,y)$ 的最大值(最小值)一定在区域 D 的内部取得,且函数在 D 内只有一个驻点,那么可以肯定该驻点即为函数在区域 D 上的最大值(最小值)点.

4. 条件极值:以求二元函数 $z=f(x,y)$ 在约束条件 $\varphi(x,y)=0$ 下的条件极值为例:

(1) 构造拉格朗日函数 $F(x,y)=f(x,y)+\lambda\varphi(x,y)$,其中 λ 为某一常数;

(2) 求拉格朗日函数的无条件极值. 即求对 x,y 及 λ 的一阶偏导数并令其为零,得

$$\begin{cases} f_x(x,y)+\lambda\varphi_x(x,y)=0 \\ f_y(x,y)+\lambda\varphi_y(x,y)=0 \\ \varphi(x,y)=0 \end{cases}$$

求解此方程组得驻点 (x_0,y_0) 以及相应的乘子 λ_0，则 (x_0,y_0) 通常即为条件极值的极值点.

第二节　典型例题分析与求解

一、极限、连续、偏导数定义

例 1　讨论下列极限的存在与否，如果存在，试求函数极限.

(1) $\lim\limits_{(x,y)\to(0,0)}\dfrac{xy^2}{x^2+y^2}$；　　(2) $\lim\limits_{(x,y)\to(0,0)}\dfrac{x^2y}{x^4+y^2}$.

分析　如果二重极限存在，其求解方法类似于求单变量函数的极限. 常用的方法有：极坐标变换法、使用夹逼准则等. 如果需要判断一个二重极限不存在一般采用选取两个不同的极限方式，求解出这两个方式的极限，这两个极限如不存在或不等，则可以断言极限不存在.

解　(1) 方法一(利用极坐标变换法)

$$\lim_{(x,y)\to(0,0)}\frac{xy^2}{x^2+y^2}=\lim_{r\to 0}\frac{r^3\sin^2\theta}{r^2}=\lim_{r\to 0}r\sin^2\theta=0$$

方法二(采用夹逼准则)因为

$$0\leqslant\left|\frac{xy^2}{x^2+y^2}\right|=|x|\left|\frac{y^2}{x^2+y^2}\right|\leqslant|x|\Rightarrow\lim_{(x,y)\to(0,0)}\frac{x^2y}{x^4+y^2}=0$$

(2) 先取直线 $y=kx(k\neq 0)$，沿此直线取极限，有

$$\lim_{\substack{(x,y)\to(0,0)\\ y=kx}}\frac{x^2y}{x^4+y^2}=\lim_{x\to 0}\frac{x^2\cdot kx}{x^4+(kx)^2}=\lim_{x\to 0}\frac{kx}{x^2+k^2}=0$$

再取曲线 $y=x^2$，沿此曲线取极限，有

$$\lim_{\substack{(x,y)\to(0,0)\\ y=x^2}}\frac{x^2y}{x^4+y^2}=\lim_{x\to 0}\frac{x^2\cdot x^2}{x^4+(x^2)^2}=\frac{1}{2}\neq 0$$

所以极限不存在.

例 2　设 $z=f(x,y)=\begin{cases}(x^2+y^2)\sin\dfrac{1}{\sqrt{x^2+y^2}}, & x^2+y^2\neq 0,\\ 0, & x^2+y^2=0,\end{cases}$　试讨论 $z=f(x,y)$：

(1) 在点(0,0)是否连续； (2) 在点(0,0)是否存在两个一阶偏导数；

(3) 在点(0,0)是否可微.

分析 这类问题一般需要利用定义求出偏导数，然后按照全微分的定义去验证是否可微. 我们已经知道在某点连续与否与在此点偏导数存在没有必然关系，即一阶偏导数存在的点函数可能不连续，偏导数存在并不能得到函数在该点可微. 偏导数存在且在该点连续一定可以得到函数在该点可微分.

解 (1) 因为

$$\lim_{(x,y)\to(0,0)} f(x,y)=\lim_{(x,y)\to(0,0)}(x^2+y^2)\sin\frac{1}{\sqrt{x^2+y^2}}=\lim_{r\to0}r^2\sin\frac{1}{r}=0=f(0,0)$$

故函数 $z=f(x,y)$ 在点 $(0,0)$ 连续.

(2) 利用定义，函数的偏导数

$$f_x(0,0)=\lim_{\Delta x\to0}\frac{f(\Delta x,0)-f(0,0)}{\Delta x}=\lim_{\Delta x\to0}\frac{(\Delta x)^2\sin\frac{1}{\sqrt{(\Delta x)^2}}}{\Delta x}$$

$$=\lim_{\Delta x\to0}\Delta x\sin\frac{1}{\sqrt{(\Delta x)^2}}=0$$

利用对称性可知 $f_y(0,0)=f_x(0,0)=0$. 即两个偏导数存在.

(3) 因为

$$\lim_{\substack{\lim\\(\Delta x,\Delta y)\to(0,0)}}\frac{\Delta z-[f_x(0,0)\Delta x+f_y(0,0)\Delta y]}{\sqrt{(\Delta x)^2+(\Delta y)^2}}$$

$$=\lim_{(\Delta x,\Delta y)\to(0,0)}\frac{[(\Delta x)^2+(\Delta y)^2]\sin\frac{1}{\sqrt{(\Delta x)^2+(\Delta y)^2}}-0}{\sqrt{(\Delta x)^2+(\Delta y)^2}}$$

$$=\lim_{(\Delta x,\Delta y)\to(0,0)}\sqrt{(\Delta x)^2+(\Delta y)^2}\sin\frac{1}{\sqrt{(\Delta x)^2+(\Delta y)^2}}=\lim_{r\to0}r\sin\frac{1}{r}=0$$

根据全微分的定义可知函数在 $(0,0)$ 处可微分.

二、多元复合函数微分法

例 3 求下列函数的偏导数：

(1) $z=e^{x^2+y^2}$； (2) $u=\arcsin\dfrac{x}{\sqrt{x^2+y^2}}$.

分析 求偏导数的法则和一元函数求导类似，只不过在求某个变量的偏导数时，需要将其余变量当作常数来处理，按照一元函数求导法则进行.

(1) $\dfrac{\partial z}{\partial x}=e^{x^2+y^2}\cdot\dfrac{\partial(x^2+y^2)}{\partial x}=e^{x^2+y^2}\cdot 2x$,

$\dfrac{\partial z}{\partial y}=e^{x^2+y^2}\cdot\dfrac{\partial(x^2+y^2)}{\partial y}=e^{x^2+y^2}\cdot 2y$.

(2) 将 y 看作常数,对 x 求导数得

$$\frac{\partial u}{\partial x}=\frac{1}{\sqrt{1-\left(\frac{x}{\sqrt{x^2+y^2}}\right)^2}}\frac{\sqrt{x^2+y^2}-x\frac{2x}{2\sqrt{x^2+y^2}}}{(\sqrt{x^2+y^2})^2}=\frac{y^2\sqrt{y^2}}{(x^2+y^2)^2}$$

将 x 看作常数,对 y 求导数得

$$\frac{\partial u}{\partial y}=\frac{1}{\sqrt{1-\left(\frac{x}{\sqrt{x^2+y^2}}\right)^2}}\frac{-x\frac{2y}{2\sqrt{x^2+y^2}}}{(\sqrt{x^2+y^2})^2}=-\frac{2xy\sqrt{y^2}}{(x^2+y^2)^2}$$

例 4　已知函数 f 可微,求下列函数的偏导数:

(1) $z=f\left(x^2+\frac{x}{y}\right)$;　　　　(2) $z=f(xy,x^2+y^2)$.

分析　对一些函数的偏导数计算,要弄清函数的复合关系,对某一个自变量求偏导,应注意须经过一切有关的中间变量而归结到相应的自变量.

解　(1) 根据一元复合函数求导法则

$$\frac{\partial z}{\partial x}=f'\cdot\frac{\partial\left(x^2+\frac{x}{y}\right)}{\partial x}=f'\cdot\left(2x+\frac{1}{y}\right),\frac{\partial z}{\partial y}=f'\cdot\frac{\partial\left(x^2+\frac{x}{y}\right)}{\partial y}=f'\cdot\left(-\frac{x}{y^2}\right)$$

(2) 根据二元复合函数求导法则

$$\frac{\mathrm{d}z}{\mathrm{d}x}=f_1'\cdot\frac{\partial(x+y)}{\partial x}+f_2'\cdot\frac{\partial(x^2+y^2)}{\partial x}=f_1'+2x\,f_2'$$

$$\frac{\mathrm{d}z}{\mathrm{d}y}=f_1'\cdot\frac{\partial(x+y)}{\partial y}+f_2'\cdot\frac{\partial(x^2+y^2)}{\partial y}=f_1'+2y\,f_2'$$

例 5　设 $z=f\left(x^2y,\frac{y}{x}\right)$,其中 f 为可微函数,试求 $\frac{\partial z}{\partial x},\frac{\partial^2 z}{\partial x^2}$.

分析　此例是复合函数求偏导数及高阶偏导数问题,需要利用复合函数求偏导的链式法则,可类似上例求解.

解　根据二元复合函数求导法则,得

$$\frac{\partial z}{\partial x}=f_1'2xy+f_2'\left(-\frac{y}{x^2}\right)$$

由二阶导数的定义和求导法则,得

$$\frac{\partial^2 z}{\partial x^2}=\frac{\partial}{\partial x}\left(\frac{\partial z}{\partial x}\right)=\frac{\partial}{\partial x}\left(2xyf_1'-\frac{y}{x^2}f_2'\right)$$

$$=2yf_1'+2xy\left[f_{11}''2xy+f_{12}''\left(-\frac{y}{x^2}\right)\right]+\frac{y}{x^3}f_2'-\frac{y}{x^2}\left[f_{21}''2xy+f_{22}''\left(-\frac{y}{x^2}\right)\right]$$

$$= 2yf_1' + 4x^2y^2f_{11}'' - \frac{2y^2}{x}f_{12}'' + \frac{2y}{x^3}f_2' - \frac{2y^2}{x}f_{21}'' + \frac{y^2}{x^4}f_{22}''$$

例 6 设函数 $z = z(x,y)$ 由方程 $F\left(x+\frac{z}{y}, y+\frac{z}{x}\right) = 0$ 确定,求 $\frac{\partial z}{\partial x}, \frac{\partial z}{\partial y}$.

分析 对于由隐函数方程确定的隐函数的偏导数的计算,通常可以用公式法、直接法.

解法一 公式法

令 $f(x,y,z) = F\left(x+\frac{z}{y}, y+\frac{z}{x}\right)$,则

$$f_x = F_1' + F_2'\left(-\frac{z}{x^2}\right), f_y = F_1'\left(-\frac{z}{y^2}\right) + F_2', f_z = F_1'\frac{1}{y} + F_2'\frac{1}{x}$$

因此

$$\frac{\partial z}{\partial x} = -\frac{f_x}{f_z} = -\frac{F_1' + F_2'\left(-\frac{z}{x^2}\right)}{F_1'\frac{1}{y} + F_2'\frac{1}{x}}, \frac{\partial z}{\partial y} = -\frac{f_y}{f_z} = -\frac{f_y = F'_1\left(-\frac{z}{y^2}\right) + F_2'}{F_1'\frac{1}{y} + F_2'\frac{1}{x}}$$

解法二 直接法

方程两边同时对 x 求偏导数得

$$F_1' \cdot \left(1 + \frac{z_x}{y}\right) + F_2' \cdot \left(\frac{xz_x - z}{x^2}\right) = 0$$

解得

$$\frac{\partial z}{\partial x} = -\frac{F_1' - \frac{z}{x^2}F_2'}{\frac{1}{y}F_1' + \frac{1}{x}F_2'}$$

同理,方程两边同时对 y 求偏导数,解得

$$\frac{\partial z}{\partial y} = -\frac{-\frac{z}{y^2}F_1' + F_2'}{\frac{1}{y}F_1' + \frac{1}{x}F_2'}$$

注:仔细体会两种方法可以得到如下结论:用公式法与直接求偏导数时,运算中变量的地位不同,运用公式法求 f_x, f_y, f_z 时,式中 x, y, z 都视作自变量;而用直接法方程两边同时对 x 或对 y 求偏导数时,需要将 z 看作 x, y 的函数.

三、多元函数微分法的应用

例 7 求函数 $u = xy^2z$ 在点 $P(1,-1,2)$ 处沿从点 $(1,-1,2)$ 到点 $(3,-3,3)$ 的方向的方向导数.问在点 P 处沿什么方向的方向导数最大?并求此方向导数的最大值.

分析 本题需要求方向导数,由方向导数的计算公式

$$\frac{\partial f}{\partial l}=f_x\cos\alpha+f_y\cos\beta+f_y\cos\gamma$$

可知需要分别求出三个偏导数与三个方向余弦.我们知道当且仅当方向与梯度方向一致时,方向导数可以取得最大值.

解　点 $(1,-1,2)$ 到点 $(3,-3,3)$ 的方向向量为

$$\boldsymbol{l}=\{3-1,-3+1,3-2\}=\{2,-2,1\}$$

故 $\boldsymbol{l}$ 的方向余弦为

$$\cos\alpha=\frac{2}{3},\cos\beta=-\frac{2}{3},\cos\gamma=\frac{1}{3}$$

又点 $P(1,-1,2)$ 的三个偏导数

$$\left.\frac{\partial u}{\partial x}\right|_P=\left.y^2z\right|_{(1,-1,2)}=2,\left.\frac{\partial u}{\partial y}\right|_P=\left.2xyz\right|_{(1,-1,2)}=-4,\left.\frac{\partial u}{\partial z}\right|_P=\left.xy^2\right|_{(1,-1,2)}=1$$

所以

$$\left.\frac{\partial u}{\partial l}\right|_P=2\times\frac{2}{3}+(-4)\times\left(-\frac{2}{3}\right)+1\times\frac{1}{3}=\frac{13}{3}$$

函数在点 P 沿梯度方向的导数最大,方向导数的最大值为梯度的模. 因为

$$\left.\mathbf{grad}u\right|_P=\left.\left\{\frac{\partial u}{\partial x},\frac{\partial u}{\partial y},\frac{\partial u}{\partial z}\right\}\right|_P=\{2,-4,1\}$$

从而函数 $u=xy^2z$ 在点 P 处沿着 $\left.\mathbf{grad}u\right|=\{2,-4,1\}$ 方向的方向导数最大,且方向导数的最大值为

$$|\,\mathbf{grad}u\,|=\sqrt{2^2+(-4)^2+1^2}=\sqrt{21}$$

例 8　(1) 求球面 $x^2+y^2+z^2=9$ 在点 $P(2,2,1)$处的切平面和法线方程;

(2) 求曲线 $x=t-\sin t,y=1-\cos t,z=\sin\frac{t}{2}$ 在 $t=\frac{\pi}{2}$ 处的切线和法平面方程;

分析　求曲面在某点处的切平面、法线方程只需要求切平面的法向量即可:对于隐方程 $F(x,y,z)=0$ 给出的曲面方程,其法向量 $\boldsymbol{n}=\left.\{F_x,F_y,F_z\}\right|_P$;由显式方程 $z=f(x,y)$ 给出的曲面,其法向量 $\boldsymbol{n}=\left.\{-f_x,-f_y,1\}\right|_P$ 或$\left.\{f_x,f_y,-1\}\right|_P$;

求曲线的切线方程、法平面方程关键是求出切线的方向向量:曲线由参数方程给出,在 P 点处切线的方向向量为 $\left.\{x'(t),y'(t),z'(t)\}\right|_P$.

解　(1) 球面 $x^2+y^2+z^2=9$ 在点 $P(2,2,1)$处的切平面的法向量为

$$\boldsymbol{n}=\left.\{2x,2y,2z\}\right|_P=2\{2,2,1\}$$

故所求切平面方程为

$$\frac{x-2}{2}=\frac{y-2}{2}=\frac{z-1}{1}$$

法线方程为

$$2(x-2)+2(y-2)+(z-1)=1$$

即 $2x+2y+z=9$.

(2) 曲线 $x=t-\sin t, y=1-\cos t, z=\sin\frac{t}{2}$ 在 $t=\frac{\pi}{2}$ 处的切线的方向向量为

$$\boldsymbol{s}=\{x'(t),y'(t),z'(t)\}\Big|_{t=\frac{\pi}{2}}=\left\{1-\cos t,\sin t,\frac{1}{2}\cos\frac{t}{2}\right\}\Big|_{t=\frac{\pi}{2}}=\left\{1,1,\frac{\sqrt{2}}{4}\right\}$$

故所求切线方程为

$$\frac{x-\left(\frac{\pi}{2}-1\right)}{1}=\frac{y-1}{1}=\frac{z-\frac{\sqrt{2}}{2}}{\frac{\sqrt{2}}{4}}$$

所求法平面方程为

$$\left(x-\frac{\pi}{2}+1\right)+(y-1)+\frac{\sqrt{2}}{4}\left(z-\frac{\sqrt{2}}{2}\right)=0.$$

例 9　确定函数 $f(x,y)=e^{x^2-y}(5-2x+y)$ 的极值点.

分析　无约束多元函数极值问题,通常依据先求驻点再判断的方法.

解　求函数的偏导数,并令其等于零

$$\begin{cases}f'_x=e^{x^2-y}(-2+10x-4x^2+2xy)=0\\ f'_y=e^{x^2-y}(-4+2x-y)=0\end{cases}$$

由上式,易得

$$\begin{cases}-2+10x-4x^2+2xy=0\\ -4+2x-y=0\end{cases}$$

解方程组得,$x=1$, $y=-2$. 又有

$$A=f''_{xx}(1,-2)=-2e^3<0,\quad B=f''(1,-2)_{xy}=2e^3,\quad C=f''_{yy}(1,-2)=-e^3$$

因为 $B^2-AC=4e^6-2e^6>0$,故函数无极值点.

例 10　在第一卦限内作椭球面 $\frac{x^2}{a^2}+\frac{y^2}{b^2}+\frac{z^2}{c^2}=1$ 的切平面,使得切平面与三坐标面所围成的体积最小,求切点的坐标.

分析　本题为条件极值问题,需要构造处目标函数. 目标是使得所围成的体积的立体体积最小,需要将体积表示出来. 体积的表示当然需要求出切平面在三个坐标轴上的截距.

解　设 (x_0,y_0,z_0) 为椭球面上任意一点，记

$$F(x,y,z)=\frac{x^2}{a^2}+\frac{y^2}{b^2}+\frac{z^2}{c^2}-1,$$

且 $x>0,y>0,z>0$，因为 $F_x=\frac{2x}{a^2},F_y=\frac{2y}{b^2},F_z=\frac{2z}{c^2}$，故在 (x_0,y_0,z_0) 处的切平面方程为

$$\frac{2x_0}{a^2}(x-x_0)+\frac{2y_0}{b^2}(y-y_0)+\frac{2z_0}{c^2}(z-z_0)=0$$

即

$$\frac{x}{\frac{a^2}{x_0^2}}+\frac{y}{\frac{b^2}{y_0^2}}+\frac{z}{\frac{c^2}{z_0^2}}=\frac{x_0^2}{a^2}+\frac{y_0^2}{b^2}+\frac{z_0^2}{c^2}$$

因为 (x_0,y_0,z_0) 为椭球面上任意一点，所以 $\frac{x_0^2}{a^2}+\frac{y_0^2}{b^2}+\frac{z_0^2}{c^2}=1$. 代入化简可得切平面方程为

$$\frac{x}{\frac{a^2}{x_0^2}}+\frac{y}{\frac{b^2}{y_0^2}}+\frac{z}{\frac{c^2}{z_0^2}}=1$$

其在三个坐标轴的截距分别为 $\frac{a^2}{x_0^2},\frac{b^2}{y_0^2},\frac{c^2}{z_0^2}$. 因此切平面与三个坐标面所围成的体积为

$$V=\frac{1}{6}\frac{a^2}{x_0^2}\frac{b^2}{y_0^2}\frac{c^2}{z_0^2}$$

再求体积 V 的最小值. 由 V 的表达式可知求体积 V 的最小值等价于求函数 $f(x,y,z)=xyz$ 在条件 $\frac{x^2}{a^2}+\frac{y^2}{b^2}+\frac{z^2}{c^2}=1$ 下的最大值. 下面我们用 Lagrange 乘数法求解. 记

$$L(x,y,z,\lambda)=xyz+\lambda\left(\frac{x^2}{a^2}+\frac{y^2}{b^2}+\frac{z^2}{c^2}-1\right)$$

解方程组

$$\begin{cases}\dfrac{\partial L}{\partial x}=yz+\dfrac{2\lambda x}{a^2}=0\\ \dfrac{\partial L}{\partial y}=xz+\dfrac{2\lambda y}{b^2}=0\\ \dfrac{\partial L}{\partial z}=xy+\dfrac{2\lambda z}{c^2}=0\\ \dfrac{x^2}{a^2}+\dfrac{y^2}{b^2}+\dfrac{z^2}{c^2}=1\end{cases}$$

得 $x=\frac{a}{\sqrt{3}},y=\frac{b}{\sqrt{3}},z=\frac{c}{\sqrt{3}}$. 因为符合题意的最小体积一定存在,又函数在定义区域内有唯一驻点,所以在点 $\left(\frac{a}{\sqrt{3}},\frac{b}{\sqrt{3}},\frac{c}{\sqrt{3}}\right)$ 处作切平面可使得切平面与三个坐标面所围成的体积最小.

第三节 应用案例

本节是学生自学内容. 我们下面讨论一个重要的不等式——"算术与几何平均"不等式.

背景回顾 在初等数学,甚至在工程问题可能经常会用到算术与几何平均不等式. 设 a,b,c 均为非负数,则该不等式的两个基本形式为:

$$\sqrt{ab}\leqslant\frac{a+b}{2};\sqrt[3]{abc}\leqslant\frac{a+b+c}{3}$$

并且当且仅当 $a=b$ 或 $a=b=c$ 时等号成立.

这个不等式的应用是非常普遍的. 例如在三角函数领域中,利用该不等式我们可以知道,函数 $f(x)=\sin x+\cos x,\left(0\leqslant x\leqslant\frac{\pi}{2}\right)$的最小值为 1,最大值即为 $\sqrt{2}$.

上述前一个不等式易于证明,而后一个的证明就要稍微复杂一些. 但是如果推广到了有 n 个参数的情况,证明就变得较为抽象和困难.

问题提出 设 $x_1,x_2,\cdots,x_n$ 均为非负数,证明有算术与几何平均不等式

$$\sqrt[n]{x_1x_2\cdots x_n}\leqslant\frac{x_1+x_2+\cdots+x_n}{n}$$

并且当且仅当 $x_1=x_2=\cdots=x_n$ 时等号成立.

命题证明 对任意一组非负数 $x_1,x_2,\cdots,x_n$,现在我们假设 $\frac{x_1+x_2+\cdots+x_n}{n}=a$ (a 是 个任意确定的非负常数),并在此条件之下求函数

$$f(x_1,x_2,\cdots,x_n)=\sqrt[n]{x_1x_2\cdots x_n}\text{ 或者 }f(x_1,x_2,\cdots,x_n)=x_1x_2\cdots x_n$$

的最大值(因为 n 是个确定的正整数).

这可以归结为我们本章讨论的条件价值问题. 因而作 Lagrange 函数

$$F(x_1,x_2,\cdots,x_n)=x_1x_2\cdots x_n+\lambda\left(\frac{x_1+x_2+\cdots+x_n}{n}-a\right)$$

并令

$$\begin{cases} F'_{x_1} = x_2 x_3 \cdots x_n + \dfrac{\lambda}{n} = 0 \\ F'_{x_2} = x_1 x_3 \cdots x_n + \dfrac{\lambda}{n} = 0 \\ \cdots \\ F'_{x_n} = x_1 x_2 \cdots x_{n-1} + \dfrac{\lambda}{n} = 0 \\ F'_{\lambda} = \dfrac{x_1 + x_2 + \cdots + x_n}{n} - a = 0 \end{cases}$$

由于该方程组对变量 $x_1, x_2, \cdots, x_n$ 是对称的，不难得到其唯一解，即 Lagrange 函数的唯一驻点为

$$x_1 = x_2 = \cdots = x_n = a$$

由问题的实际意义可知，在 $\dfrac{x_1 + x_2 + \cdots + x_n}{n} = a$ 的条件下函数 $f(x_1, x_2, \cdots, x_n) = x_1 x_2 \cdots x_n$ 一定有最大值，又 Lagrange 函数的驻点 $x_1 = x_2 = \cdots = x_n = a$ 是唯一的，这个唯一的驻点即为函数 f 的最大值点，即 $f_{\max} = x_1 x_2 \cdots x_n \mid_{x_1 = x_2 = \cdots = x_n = a} = a^n$.

于是对任意一组非负数 $x_1, x_2, \cdots, x_n$，对任意非负定常数 a，在 $\dfrac{x_1 + x_2 + \cdots + x_n}{n} = a$ 的条件下都有

$$f(x_1, x_2, \cdots, x_n) = x_1 x_2 \cdots x_n \leqslant a^n = \left(\frac{x_1 + x_2 + \cdots + x_n}{n}\right)^n$$

注意到在证明过程中，由非负常数 a 的任意性，所以对所有非负数 $x_1, x_2, \cdots, x_n$ 均有

$$x_1 x_2 \cdots x_n \leqslant \left(\frac{x_1 + x_2 + \cdots + x_n}{n}\right)^n$$

即

$$\sqrt[n]{x_1 x_2 \cdots x_n} \leqslant \frac{x_1 + x_2 + \cdots + x_n}{n}$$

并且从证明过程易见，当且仅当 $x_1 = x_2 = \cdots = x_n$ 时不等式中的等号成立.

结论引申 利用条件极值的方法，我们相对比较容易地就证明了算术与几何平均不等式. 实际上，相仿于上述证明过程，我们还可以得到下面的结论：

设有 $p_i \geqslant 0 (i = 1, 2, \cdots, n)$ 和 $\sum\limits_{i=1}^{n} p_i = 1$，而 $x_1, x_2, \cdots, x_n$ 均为非负数，则有推广性的不等式

$$x_1^{p_1} x_2^{p_2} \cdots x_n^{p_n} \leqslant p_1 x_1 + p_2 x_2 + \cdots + p_n x_n$$

并且当且仅当 $x_1 = x_2 = \cdots = x_n$ 时等号成立.

上面不等式右端的 $p_1 x_1 + p_2 x_2 + \cdots + p_n x_n$（且满足 $p_i \geqslant 0 (i = 1, 2, \cdots, n)$ 和 $\sum\limits_{i=1}^{n} p_i = 1$）通常称为 $x_1, x_2, \cdots, x_n$ 这一组参数的一个“加权平均值”，它是算术平均的推广.

第四节　练习题

9-1　极限与连续

1. 求下列各函数的定义域，并画出此区域：

(1) $z=\ln(y^2-2x+1)$；

(2) $u=\arccos\dfrac{z}{\sqrt{x^2+y^2}}$.

2. 求下列函数的极限：

(1) $\lim\limits_{(x,y)\to(0,0)}\dfrac{xy}{\sqrt{xy+1}-1}$；

(2) $\lim\limits_{(x,y)\to(0,0)}\dfrac{1-\cos(x^2+y^2)}{(x^2+y^2)\mathrm{e}^{x^2y^2}}$；

(3) $\lim\limits_{(x,y)\to(0,1)}\dfrac{1-xy}{x^2+y^2}$；

(4) $\lim\limits_{(x,y)\to(2,0)}\dfrac{\sin(xy)}{y}$.

3. 证明：$\lim\limits_{(x,y)\to(0,0)}\dfrac{x^2y^2}{x^2y^2+(x-y)^2}$ 不存在.

4. 求出函数 $f(x,y)=\dfrac{1}{x+y}+\sqrt{1-x^2-y^2}$ 的间断点.

5. 研究函数 $f(x,y)=\begin{cases}\dfrac{xy}{\sqrt{x^2+y^2}}, x^2+y^2\neq 0,\\ 0,\ x^2+y^2=0\end{cases}$ 在(0, 0)点处的连续性.

9-2 偏导数

1. 求下列函数的一阶偏导数：

(1) $z=\sin(xy)+\cos^2(xy)$；

(2) $z=(1+xy)^y$；

(3) $u=\sin(xyz)+x^2y+3z^2+1$；

(4) $z=\ln\tan\dfrac{x}{y}$；

(5) $u=\arctan(x-y)^z$；

(6) $u=x^{\frac{y}{z}}$.

2. 曲线 $\begin{cases} z = \dfrac{x^2+y^2}{4} \\ y = 4 \end{cases}$ 在点(2,4,5)处的切线对 x 轴的倾角是多少？

3. 设函数 $f(x,y) = \begin{cases} \dfrac{xy}{\sqrt{x^2+y^2}}, & x^2+y^2 \neq 0, \\ 0, & x^2+y^2 = 0. \end{cases}$ 试用偏导数的定义计算 $f_x(0,0)$，$f_y(0,0)$.

4. 验证函数 $r=\sqrt{x^2+y^2+z^2}$ 满足 Laplace 方程 $\dfrac{\partial^2 r}{\partial x^2}+\dfrac{\partial^2 r}{\partial y^2}+\dfrac{\partial^2 r}{\partial z^2}=\dfrac{2}{r}$.

9 - 3 全微分

1. 求下列函数的全微分：

(1) $u = \ln\sqrt{x^2 + y^2 + z^2}$； (2) $z = \sin(x^2 + y^2)$.

2. 求函数 $z = \ln(1 + x^2 + y^2)$ 当 $x = 1, y = 2$ 时的全微分.

3. 证明：函数 $f(x,y) = \sqrt{|xy|}$ 在 (0,0) 点连续，其偏导数在 (0,0) 均存在，但函数在 (0,0) 不可微.

9 - 4 多元复合函数求导法则

1. 求下列函数的导数 $\frac{dz}{dx}$：

(1) $z = \arcsin(u - v)$, $u = 3x$, $v = 4x^3$； (2) $z = \arcsin\frac{x}{y}$, $y = \sqrt{x^2 + 1}$.

2. 求函数对自变量的偏导数：

(1) $z = \frac{u}{v}$, $u = x\cos y$, $v = y\cos x$； (2) $z = e^{uv}$, $u = \ln\sqrt{x^2 + y^2}$, $v = \arctan\frac{x}{y}$.

3. 设函数 f 具有一阶连续偏导数,求下列函数的一阶偏导数:

(1) $u=f(x,xy,xyz)$;　　　　(2) $u=f\left(\dfrac{x}{y},\dfrac{y}{z}\right)$.

9-5 隐函数的导数

1. 求下列方程确定的隐函数的导数 $\frac{dy}{dx}$：

(1) $\ln(\sqrt{x^2+y^2}) = \arctan\frac{y}{x}$；

(2) $xe^y + ye^x = 0$；

(3) $\sin y + e^x - xy^2 = 0$；

(4) $F(y\sin x, x\sin y) = 0$，其中 F 可微.

2. 解答下列问题：

(1) 设 $x + 2y + z - 2\sqrt{xyz} = 0$，求 $\frac{\partial z}{\partial x}, \frac{\partial z}{\partial y}$；

(2) 设 $\frac{x}{z}=\ln\frac{z}{y}$，求 $\frac{\partial z}{\partial x},\frac{\partial z}{\partial y}$；

(3) 设 $\mathrm{e}^{z}-xyz=0$，求 $\frac{\partial^2 z}{\partial x^2}$.

3. 设 $y=f(x,s)$，而 s 是由方程 $F(x,y,s)=0$ 所确定的 x,y 的函数，其中 f,F 都具有一阶连续偏导数，试证明：

$$\frac{\mathrm{d}y}{\mathrm{d}x}=\frac{\frac{\partial f}{\partial x}\frac{\partial F}{\partial s}-\frac{\partial f}{\partial s}\frac{\partial F}{\partial x}}{\frac{\partial f}{\partial s}\frac{\partial F}{\partial y}+\frac{\partial F}{\partial s}}.$$

9-6 几何应用

1. 求曲线 $x=t-\sin t, y=1-\cos t, z=4\sin\frac{t}{2}$ 在点 $\left(\frac{\pi}{2}-1,1,2\sqrt{2}\right)$ 处的切线及法平面方程.

2. 求曲线 $y=x, z=x^2$ 在 $M_0(1,1,1)$ 处的切线方程和法平面方程.

3. 求椭球面 $x^2+2y^2+z^2=1$ 上平行于平面 $x-y+2z=0$ 的切平面方程.

4. 求旋转椭球面 $3x^2+y^2+z^2=16$ 在点 $(-1,-2,3)$ 处的切平面与 xOy 平面的夹角的余弦.

5. 求曲面 $e^z-z+xy=3$ 在点 $(2,1,0)$ 处的切平面方程与法线方程.

6. 证明:曲面 $\sqrt{x}+\sqrt{y}+\sqrt{z}=\sqrt{a}\,(a>0)$ 上任何点处的切平面在各坐标轴上的截距之和等于 a.

9 - 7 方向导数与梯度

1. 求函数 $z = x^2 + y^2$ 在点 $(1,2)$ 处沿从点 $(1,2)$ 到点 $(2,2+\sqrt{3})$ 的方向的方向导数.

2. 求函数 $z = \ln(x+y)$ 在抛物线 $y^2 = 4x$ 上点 $(1,2)$ 处,沿着这抛物线在该点处偏向 x 轴正向的切线方向的方向导数.

3. 求函数 $z = x^2 - xy + y^2$ 在点 $(1,1)$ 处的最大方向导数与最小方向导数.

9-8 极值

1. 求下列函数的极值：

(1) $f(x,y)=x^3+y^3-3xy$；　　(2) $f(x,y)=e^{2x}(x+y^2+2y)$.

2. 求由方程 $x^2+y^2+z^2-2x-2y-4z-10=0$ 确定的隐函数 $z=z(x,y)$ 的极值.

3. 求函数 $z = xy$ 在适合附件条件 $x + y = 1$ 下的极大值.

4. 求函数 $u = xyz$ 在条件 $x^2 + y^2 + z^2 = 1$ 及 $x + y + z = 0$ 下的极值.

第五节 自测题

一、填空题(每题 3 分,共 15 分)

1. $\lim\limits_{(x,y)\to(0,0)} \dfrac{x^2\sin y}{x^2+y^2} =$ ________________.

2. $\lim\limits_{(x,y)\to(0,0)} (x^2+y^2)^{2x^2y^2} =$ ________________.

3. 设 $z=\ln(\sqrt{x}+\sqrt{y})$,则 $x\dfrac{\partial z}{\partial x}+y\dfrac{\partial z}{\partial y}=$ ________________.

4. 设方程 $xyz+\sqrt{x^2+y^2+z^2}=\sqrt{2}$ 所确定隐函数 $z=f(x,y)$,则在点 $(1,0,-1)$ 处的全微分 $\mathrm{d}z=$ ________________.

5. 设 $u=\mathrm{e}^{-x}\sin\left(\dfrac{x}{y}\right)$,则 $\dfrac{\partial^2 u}{\partial x\partial y}$ 在点 $\left(2,\dfrac{1}{\pi}\right)$ 处的值为________________.

二、选择题(每题 3 分,共 15 分)

1. 已知 $(axy^3-y^2\cos x)\mathrm{d}x+(1+by\sin x+3x^2y^2)\mathrm{d}y$ 为某二元函数 $f(x,y)$ 全微分,则 a,b 的值分别为 ( )

A. -2 和 2　　B. 2 和 -2

C. -3 和 3　　D. 3 和 -3

2. 设 $f(x,y)=\begin{cases}(x^2+y^2)\cos\left(\dfrac{1}{\sqrt{x^2+y^2}}\right), & x^2+y^2\neq 0,\\ 0, & x^2+y^2=0.\end{cases}$,则 $f(x,y)$ 在点 $(0,0)$ 处 ( )

A. $\dfrac{\partial f}{\partial x},\dfrac{\partial f}{\partial y}$ 不存在　　B. $\dfrac{\partial f}{\partial x},\dfrac{\partial f}{\partial y}$ 连续

C. 可微　　D. 不连续

3. 已知曲面 $z=4-x^2-y^2$ 上点 P 处的切平面平行于平面 $2x+2y+z=1$,则点 P 为 ( )

A. $(1,-1,2)$　　B. $(1,1,2)$

C. $(-1,1,2)$　　D. $(-1,-1,2)$

4. 函数 $u=xyz-2yz-3$ 在点 $(1,1,1)$ 沿方向 $\{2,2,1\}$ 的方向导数为 ( )

A. $\dfrac{1}{\sqrt{5}}$　　B. $-\dfrac{1}{\sqrt{5}}$　　C. $\dfrac{1}{3}$　　D. $-\dfrac{1}{3}$

5. 函数 $z=f(x,y)$ 在点 $P(x_0,y_0)$ 处可微分,下面结论错误的是 ( )

A. $z=f(x,y)$ 在点 $P(x_0,y_0)$ 处连续

B. $f_x(x_0,y_0)$,$f_y(x_0,y_0)$ 存在

C. $f_x(x,y)$,$f_y(x,y)$ 在点 $P(x_0,y_0)$ 处连续

D. $z=f(x,y)$ 在点 $P(x_0,y_0)$ 处沿着任一方向的方向导数存在

三、计算题(每题 8 分,共 40 分)

1. 求函数 $u(x,y,z)=f(3xyz,x^2+y^2+z^2,x-y)$ 关于各个变量的一阶偏导数.

2. 求球面 $x^2+y^2+z^2=9$ 在点 $(2,2,1)$ 处的切平面和法线方程.

3. 设 $u=\dfrac{x}{\sqrt{x^2+y^2-z^2}}-3xyz^2$,求 u_x,u_y,u_z.

4. 设 $x = \mathrm{e}^u \cos v, y = \mathrm{e}^u \sin v, z = uv$. 求 $\frac{\partial z}{\partial x}, \frac{\partial z}{\partial y}$.

5. 设 $z = f(u, x, y), u = x\mathrm{e}^y$，其中 f 具有连续的二阶偏导数，求 $\frac{\partial^2 z}{\partial x \partial y}$.

四、(10 分)求平面 $\frac{x}{3} + \frac{y}{4} + \frac{z}{5} = 1$ 和柱面 $x^2 + y^2 = 1$ 的交线上与 xOy 平面距离最短的点.

五、(10 分) 证明:函数 $z=(1+e^y)\cos x-ye^y$ 有无穷多个极大值,但无极小值.

六、(10 分) 证明:函数 $z=f(x,y)=\begin{cases}\dfrac{x^2y^2}{(x^2+y^2)^{\frac{3}{2}}}, & x^2+y^2\neq 0,\\ 0, & x^2+y^2=0\end{cases}$ 在点 (0,0) 处连续,偏导数存在,但不可微.

第六节　练习题与自测题答案

练习题答案

9－1

1. (1) $y^2-2x+1>0$；　(2) $-\sqrt{x^2+y^2}\leqslant z\leqslant\sqrt{x^2+y^2}$.

2. (1) 2；　(2) 0；　(3) 1；　(4) 2.

3. 略(提示:取不同曲线,使得问题的极限不等即可.)

4. 连续点集合为 $\{(x,y)\mid x^2+y^2\leqslant 1,x+y\neq 0\}$，其余有定义的点间断.

5. 连续.

9－2

1. (1) $\dfrac{\partial z}{\partial x}=y[\cos(xy)-\sin(2xy)]$,$\dfrac{\partial z}{\partial y}=x[\cos(xy)-\sin(2xy)]$;

(2) $\dfrac{\partial z}{\partial x}=y^2(1+xy)^{y-1}$,$\dfrac{\partial z}{\partial y}=(1+xy)^y\ln(1+xy)+xy(1+xy)^{y-1}$;

(3) $\dfrac{\partial u}{\partial x}=yz\cos(xyz)+2xy$,$\dfrac{\partial u}{\partial y}=xz\cos(xyz)+x^2$,$\dfrac{\partial u}{\partial z}=xy\cos(xyz)+6z$;

(4) $\dfrac{\partial z}{\partial x}=\dfrac{2}{y}\csc\dfrac{2x}{y}$,$\dfrac{\partial z}{\partial y}=-\dfrac{2x}{y^2}\csc\dfrac{2x}{y}$;

(5) $\dfrac{\partial u}{\partial x}=\dfrac{z(x-y)^{z-1}}{1+(x-y)^{2z}}$,$\dfrac{\partial u}{\partial y}=-\dfrac{z(x-y)^{z-1}}{1+(x-y)^{2z}}$,$\dfrac{\partial u}{\partial z}=\dfrac{(x-y)^z\ln(x-y)}{1+(x-y)^{2z}}$;

(6) $\dfrac{\partial u}{\partial x}=\dfrac{y}{z}x^{\frac{y}{z}-1}$,$\dfrac{\partial u}{\partial y}=\dfrac{1}{z}x^{\frac{y}{z}}\ln x$,$\dfrac{\partial u}{\partial z}=-\dfrac{y}{z^2}x^{\frac{y}{z}}\ln x$.

2. $\dfrac{\pi}{4}$.

3. 0，0.

4. 略

9－3

1. (1) $\dfrac{x\mathrm{d}x+y\mathrm{d}y+z\mathrm{d}z}{x^2+y^2+z^2}$；(2) $2x\cos(x^2+y^2)\mathrm{d}x+2y\cos(x^2+y^2)\mathrm{d}y$.

2. $\dfrac{1}{3}\mathrm{d}x+\dfrac{2}{3}\mathrm{d}y$.

3. 略

9－4

1. (1) $\dfrac{3(1-4x^2)}{\sqrt{1-(3x-4x^3)^2}}$；　(2) $\dfrac{1}{1+x^2}$.

2. (1) $\dfrac{\partial z}{\partial x}=\dfrac{1}{y\cos x}\cos y+\dfrac{x\cos y}{y^2\cos^2 x}y\sin x$,$\dfrac{\partial z}{\partial x}=-\dfrac{1}{y\cos x}x\sin y-\dfrac{x\cos y}{y^2\cos^2 x}\cos x$;

(2) $\frac{\partial z}{\partial x}=\frac{1}{x^2+y^2}\mathrm{e}^{\ln\sqrt{x^2+y^2}\cdot\arctan\frac{x}{y}}\left(x\arctan\frac{x}{y}+y\ln\sqrt{x^2+y^2}\right)$;

$\frac{\partial z}{\partial y}=\frac{1}{x^2+y^2}\mathrm{e}^{\ln\sqrt{x^2+y^2}\cdot\arctan\frac{x}{y}}\left(y\arctan\frac{x}{y}-x\ln\sqrt{x^2+y^2}\right)$.

3. (1) $\frac{\partial u}{\partial x}=f_1'+yf_2'+yzf_3'$, $\frac{\partial u}{\partial y}=xf_2'+xzf_3'$, $\frac{\partial u}{\partial z}=xyf_3'$;

(2) $\frac{\partial u}{\partial x}=\frac{1}{y}f_1'$, $\frac{\partial u}{\partial y}=-\frac{x}{y^2}f_1'+\frac{1}{z}f_2'$, $\frac{\partial u}{\partial z}=-\frac{y}{z^2}f_2'$.

9-5

1. (1) $\frac{\mathrm{d}y}{\mathrm{d}x}=\frac{x+y}{x-y}$; (2) $\frac{\mathrm{d}y}{\mathrm{d}x}=-\frac{\mathrm{e}^y+y\mathrm{e}^x}{x\mathrm{e}^y+\mathrm{e}^x}$;

(3) $\frac{\mathrm{d}y}{\mathrm{d}x}=\frac{y^2-\mathrm{e}^x}{\cos y-2xy}$; (4) $\frac{\mathrm{d}y}{\mathrm{d}x}=-\frac{y\cos xF_1'+\sin yF_2'}{\sin xF_1+x\cos yF_2}$.

2. (1) $\frac{\partial z}{\partial x}=\frac{yz-\sqrt{xyz}}{\sqrt{xyz}-xy}$, $\frac{\partial z}{\partial y}=\frac{xz-2\sqrt{xyz}}{\sqrt{xyz}-xy}$;

(2) $\frac{\partial z}{\partial x}=\frac{z}{x+z}$, $\frac{\partial z}{\partial y}=\frac{z^2}{y(x+z)}$;

(3) $\frac{2y^2z\mathrm{e}^z-2xy^3z-y^2z^2\mathrm{e}^z}{(\mathrm{e}^z-xy)^3}$.

3. 略

9-6

1. 切线方程：$\frac{x-\left(\frac{\pi}{2}-1\right)}{1}=\frac{y-1}{1}=\frac{z-2\sqrt{2}}{\sqrt{2}}$，法平面方程：$x+y+\sqrt{2}z=\frac{\pi}{2}+4$.

2. 切线方程：$\frac{x-1}{1}=\frac{y-1}{1}=\frac{z-1}{2}$，法平面方程：$x+y+2z=4$.

3. 切平面方程：$x-y+2z=\pm\sqrt{\frac{11}{2}}$.

4. $\cos\gamma=\frac{3}{\sqrt{22}}$.

5. 切平面方程：$x+2y-4=0$，法线方程：$\frac{x-2}{1}=\frac{z}{0}=\frac{y-1}{2}$.

6. 略

9-7

1. $1+2\sqrt{3}$.

2. $\frac{\sqrt{2}}{3}$.

3. 最大为$\sqrt{2}$；最小为$-\sqrt{2}$.

9-8

1. (1) 极小值 $f(1,1)=-1$;

(2) 极小值 $f\left(\frac{1}{2},-1\right)=-\frac{e}{2}$.

2. 极大值 $z_1=6$，极小值 $z_2=-2$.

3. $\frac{1}{4}$.

4. 极大值为 $\frac{1}{3\sqrt{6}}$，极小值 $-\frac{1}{3\sqrt{6}}$.

自测题答案

一、1. 0　2. 1　3. $\frac{1}{2}$　4. $dx-\sqrt{2}dy$　5. π^2/e^2

二、1. B　2. C　3. B　4. D　5. C

三、1. $\frac{\partial u}{\partial x}=3yzf_1'+2xf_2'+f_3'$，$\frac{\partial u}{\partial y}=3xzf_1'+2yf_2'-f_3'$，$\frac{\partial u}{\partial z}=3xyf_1'+2zf_2'$.

2. $4(x-2)+4(y-2)+2(z-1)=0$，$\frac{x-2}{4}=\frac{y-2}{4}=\frac{z-1}{2}$.

3. $u_x=\frac{y^2-z^2}{(x^2+y^2-z^2)^{\frac{3}{2}}}-3yz^2$，$u_y=\frac{-xy}{(x^2+y^2-z^2)^{\frac{3}{2}}}-3xz^2$，$u_y=\frac{xz}{(x^2+y^2-z^2)^{\frac{3}{2}}}-6xyz$.

4. $\frac{\partial z}{\partial x}=(v\cos v-u\sin v)e^{-u}$，$\frac{\partial z}{\partial y}=(u\cos v+u\sin v)e^{-u}$.

5. $\frac{\partial^2 z}{\partial x\partial y}=xe^{2y}f_{11}''+e^yf_{13}''+xe^yf_{21}''+f_{23}''+e^yf_1'$.

四、$\left(\frac{4}{5},\frac{3}{5},\frac{35}{12}\right)$.

五、略

六、略

第十章　重积分

第一节　内容提要

一、二重积分

1. 定义:设 $f(x,y)$ 是定义在有界区域 D 上的有界函数,将区域 D 任意分成 n 个小区域 $\Delta\sigma_k(k=1,2,\cdots,n)$,任取一点 $(\xi_k,\eta_k)\in\Delta\sigma_k$,二元函数 $f(x,y)$ 在有界区域 D 上的二重积分

$$\iint\limits_D f(x,y)\mathrm{d}\sigma=\lim_{\lambda\to 0}\sum_{k=1}^{n}f(\xi_k,\eta_k)\Delta\sigma_k$$

若函数 $f(x,y)\geqslant 0,(x,y)\in D$,则 $\iint\limits_D f(x,y)\mathrm{d}\sigma$ 表示以 $z=f(x,y)$ 为顶,以 D 为底的曲顶柱体体积.

2. 性质

(1) $\iint\limits_D kf(x,y)\mathrm{d}\sigma=k\iint\limits_D f(x,y)\mathrm{d}\sigma$,($k$ 为常数);

(2) $\iint\limits_D[f(x,y)\pm g(x,y)]\mathrm{d}\sigma=\iint\limits_D f(x,y)\mathrm{d}\sigma\pm\iint\limits_D g(x,y)\mathrm{d}\sigma$;

(3) $\iint\limits_D f(x,y)\mathrm{d}\sigma=\iint\limits_{D_1} f(x,y)\mathrm{d}\sigma+\iint\limits_{D_2} f(x,y)\mathrm{d}\sigma$,其中 $D=D_1\cup D_2,D_1\cap D_2=\Phi$;

(4) 若在 D 上 $f(x,y)\equiv 1$,σ 为 D 的面积,则

$$\sigma=\iint\limits_D 1\cdot\mathrm{d}\sigma=\iint\limits_D\mathrm{d}\sigma$$

(5) 若在 D 上 $f(x,y)\leqslant\varphi(x,y)$,则

$$\iint\limits_D f(x,y)\mathrm{d}\sigma\leqslant\iint\limits_D f(x,y)\mathrm{d}\sigma$$

(6) 设 $(x,y)\in D$,恒有 $m\leqslant f(x,y)\leqslant M$,$\sigma$ 为 D 的面积,则

$$m\sigma\leqslant\iint\limits_D f(x,y)\mathrm{d}\sigma\leqslant M\sigma$$

(7) 设 $f(x,y)$ 在闭区域 D 上连续,σ 为 D 的面积,则在 D 内至少存在一点 (ξ,η),使

$$\iint\limits_D f(x,y)\mathrm{d}\sigma=f(\xi,\eta)\sigma$$

3. 计算

(1) 直角坐标系

若区域 D 为 X — 型区域,即 $D=\{(x,y)\mid \varphi_1(x)\leqslant y\leqslant \varphi_2(x),a\leqslant x\leqslant b\}$,则

$$\iint_D f(x,y)\mathrm{d}\sigma=\int_a^b\left(\int_{\varphi_1(x)}^{\varphi_2(x)}f(x,y)\mathrm{d}y\right)\mathrm{d}x$$

若区域 D 为 Y — 型区域,即 $D=\{(x,y)\mid \psi_1(y)\leqslant x\leqslant \psi_2(y),c\leqslant y\leqslant \mathrm{d}\}$,则

$$\iint_D f(x,y)\mathrm{d}\sigma=\int_c^d\left(\int_{\psi_1(y)}^{\psi_2(y)}f(x,y)\mathrm{d}x\right)\mathrm{d}y$$

(2) 极坐标系

用坐标变换 $x=r\cos\theta,y=r\sin\theta$,则

$$\iint_D f(x,y)\mathrm{d}\sigma=\iint_D f(r\cos\theta,r\sin\theta)r\mathrm{d}r\mathrm{d}\theta$$

若闭域为 $D=\{(\rho,\theta)\mid 0\leqslant r\leqslant \varphi(\theta),\alpha\leqslant\theta\leqslant\beta\}$,则

$$\iint_D f(r\cos\theta,r\sin\theta)\mathrm{d}r\mathrm{d}\theta=\int_\alpha^\beta\mathrm{d}\theta\int_{\varphi_1(\theta)}^{\varphi_2(\theta)}f(r\cos\theta,r\sin\theta)r\mathrm{d}r$$

注记:对于比较复杂的二重积分计算问题,也可以尽量用“对称性”来简化计算过程.

二、三重积分

1. 定义:设 $f(x,y,z),(x,y,z)\in\Omega$,若对 Ω 作任意分割,$\Delta v_k(k=1,2,\cdots,n)$,任意取点 $(\xi_k,\eta_k,\zeta_k)\in\Delta v_k$,函数 $f(x,y,z)$ 在 Ω 上的三重积分

$$\iiint_\Omega f(x,y,z)\mathrm{d}v=\lim_{\lambda\to 0}\sum_{k=1}^n f(\xi_k,\eta_k,\zeta_k)\Delta v_k$$

2. 计算:可以利用直角坐标、柱面坐标、球坐标计算三重积分.

三、重积分的应用

1. 立体的体积:曲顶柱体的顶为连续曲面 $z=f(x,y)$,$(x,y)\in D$,则其体积为

$$V=\iint_D f(x,y)\mathrm{d}x\mathrm{d}y$$

2. 曲面的面积:设光滑曲面 $S:z=f(x,y),(x,y)\in D$,函数 $f(x,y)$ 在 D 上具有连续偏导数 $f_x(x,y)$ 和 $f_y(x,y)$,则曲面 S 的面积

$$A=\iint_D\sqrt{1+(z_x)^2+(z_y)^2}\mathrm{d}x\mathrm{d}y$$

类似地,若曲面方程为 $x=g(y,z),(y,z)\in D_{yz}$,或者 $y=h(z,x),(z,x)\in D_{zx}$,则曲面的面积公式分别为

$$A=\iint_{D_{yz}}\sqrt{1+(x_y)^2+(x_z)^2}\mathrm{d}y\mathrm{d}z,\text{或}A=\iint_{D_{zx}}\sqrt{1+(y_z)^2+(y_x)^2}\mathrm{d}z\mathrm{d}x.$$

第二节　典型例题分析与求解

一、重积分定义与性质

例 1　判断积分值的大小：$I_1=\iint\limits_D \frac{x+y}{4}\mathrm{d}\sigma, I_2=\iint\limits_D \sqrt{\frac{x+y}{4}}\mathrm{d}\sigma, I_3=\iint\limits_D \sqrt[3]{\frac{x+y}{4}}\mathrm{d}\sigma$，其中积分区域 D 是以 $(1,1)$ 为圆心、半径为 $\sqrt{2}$ 的圆.

分析　根据积分的性质，不用计算重积分就可以比较其大小.

解　当 $(x,y)\in D$ 时，$0\leqslant x+y\leqslant 4$，于是 $\frac{x+y}{4}\leqslant\sqrt{\frac{x+y}{4}}\leqslant\sqrt[3]{\frac{x+y}{4}}$，但不恒等，因此 $I_1<I_2<I_3$.

二、重积分的计算

例 2　计算二重积分：

(1) $I=\iint\limits_D (x-1)y\mathrm{d}x\mathrm{d}y$，其中 D 由直线 $y=1-x, y=1$ 与抛物线 $y=(x-1)^2$ 围成；

(2) $I=\iint\limits_D \frac{\sin y}{y}\mathrm{d}x\mathrm{d}y$，其中 D 由直线 $y=x$ 及抛物线 $y^2=x$ 所围成的区域.

分析　重积分的计算要根据积分函数和积分区域的特点选择适当的坐标系，然后确定积分次序，最后计算出累次积分的值.

解　(1) 积分区域可以表示为 $D=\{(x,y)\mid 1-y\leqslant x\leqslant 1+\sqrt{y}, 0\leqslant y\leqslant 1\}$，所以

$$I=\int_0^1\mathrm{d}y\int_{1-y}^{1+\sqrt{y}}(x-1)y\mathrm{d}x=\int_0^1(y^2-y^3)\mathrm{d}y=\frac{1}{24}$$

(2) 积分区域 D 的特征对积分次序的选择没有什么影响，但被积函数 $\frac{\sin y}{y}$ 的原函数不能用初等函数表示，故只能选择先 x 后 y 的积分次序

$$\begin{aligned}I&=\int_0^1\mathrm{d}y\int_{y^2}^{y}\frac{\sin y}{y}\mathrm{d}x=\int_0^1(1-y)\sin y\mathrm{d}y=-\cos y\,|_0^1-\int_0^1 y\sin y\mathrm{d}y\\&=1-\cos 1+y\cos y\,|_0^1-\sin y\,|_0^1=1-\sin 1\end{aligned}$$

例 3　计算二重积分：

(1) $I=\iint\limits_D\left(2a-\sqrt{x^2+y^2}-\frac{x^2+y^2}{a}\right)\mathrm{d}x\mathrm{d}y$，其中区域 $D: x^2+y^2\leqslant a^2\ (a>0)$ 为圆域；

(2) $I=\iint\limits_{D}xy\mathrm{d}x\mathrm{d}y$，其中区域 D：$1\leqslant x^2+y^2\leqslant 2x, y\geqslant 0$

分析　对于二重积分，当积分区域为圆域、环域或边界曲线以坐标方程给出，而被积函数含有 x^2+y^2 的项时，选用极坐标通常能为积分带来方便.

解　(1) 积分区域为圆域，被积函数中含有 x^2+y^2 项，利用极坐标得

$$I=\iint\limits_{D}\left(2a-r-\frac{r^2}{a}\right)r\mathrm{d}r\mathrm{d}\theta=\int_0^{2\pi}\mathrm{d}\theta\int_0^a\left(2a-r-\frac{r^2}{a}\right)r\mathrm{d}r$$
$$=\int_0^{2\pi}\left[ar^2-\frac{1}{3}r^3-\frac{r^4}{4a}\right]_0^a\mathrm{d}\theta=\frac{5\pi a^3}{6}$$

(2) 积分区域为两个圆域的相交区域，利用极坐标得

$$I=\iint\limits_{D}r\sin\theta\cdot r\cos\theta\cdot r\mathrm{d}r\mathrm{d}\theta=\int_0^{\frac{\pi}{3}}\mathrm{d}\theta\int_1^{2\cos\theta}r^3\sin\theta\cos\theta\mathrm{d}r$$
$$=\frac{1}{4}\int_0^{\frac{\pi}{3}}\sin\theta\cos\theta(16\cos^4\theta-1)\mathrm{d}\theta$$
$$=4\int_0^{\frac{\pi}{3}}\sin\theta\cos^5\theta\mathrm{d}\theta-\frac{1}{4}\int_0^{\frac{\pi}{3}}\frac{1}{2}\sin2\theta\mathrm{d}\theta$$
$$=-4\int_0^{\frac{\pi}{3}}\cos^5\theta\mathrm{d}\cos\theta-\frac{1}{16}\int_0^{\frac{\pi}{3}}\sin2\theta\mathrm{d}(2\theta)$$
$$=\frac{9}{16}$$

例 4　计算二重积分：

(1) $I=\iint\limits_{D}(xy^2+3e^x\sin y)\mathrm{d}x\mathrm{d}y$，其中区域 D：$x^2+y^2\leqslant 2x$；

(2) $I=\iint\limits_{D}(x+y)^2\mathrm{d}x\mathrm{d}y$，其中区域 D：$ay\leqslant x^2+y^2\leqslant 2ay$ ($a>0$)；

(3) $I=\iint\limits_{D}x[1+yf(x^2+y^2)]\mathrm{d}x\mathrm{d}y$，其中 D 由 $y=x^3, y=1, x=-1$ 所围成，f 在区域 D 内连续.

分析　这三个小题可以利用积分区域对称性及被积函数的关于某个积分变量的奇偶性简化计算. 关于二重积分的对称性结论有：

(1) 若积分区域 D 关于 x 轴对称，而 D_1 是 D 中对应于 $y\geqslant 0$ 的部分，则

$$\iint\limits_{D}f(x,y)\mathrm{d}x\mathrm{d}y=\begin{cases}2\iint\limits_{D_1}f(x,y)\mathrm{d}x\mathrm{d}y, & \text{当 } f(x,-y)=f(x,y)\\ 0, & \text{当 } f(x,-y)=-f(x,y)\end{cases}$$

(2) 若积分区域 D 关于 y 轴对称，而 D_1 是 D 中对应于 $x\geqslant 0$ 的部分，则

$$\iint_D f(x,y)\,dxdy=\begin{cases}2\iint_{D_1} f(x,y)\,dxdy, & \text{当 } f(-x,y)=f(x,y)\\ 0, & \text{当 } f(x,-y)=-f(x,y)\end{cases}$$

(3) 若积分区域 D 关于 x 轴和 y 轴均对称,而 D_1 是 D 中对应于 $x\geqslant 0,y\geqslant 0$ 的部分,则

$$\iint_D f(x,y)\,dxdy=\begin{cases}4\iint_{D_1} f(x,y)\,dxdy, & \text{当 } f(-x,y)=f(x,-y)=f(x,y)\\ 0, & \text{当 } f(-x,y)=-f(x,y) \text{ 或 } f(x,-y)=-f(x,y)\end{cases}$$

解:(1) 积分区域 D 关于 x 轴对称,其中被积函数第一项关于 y 是偶函数,第二项关于 y 是奇函数. 故根据对称性可得

$$\begin{aligned}I&=\iint_D xy^2\,dxdy+\iint_D 3e^x\sin y\,dxdy=\iint_D xy^2\,dxdy+0\\&=2\int_0^{\frac{\pi}{3}}d\theta\int_0^{2\cos\theta} r^4\cos\theta\sin^2\theta\,dr\\&=2\int_0^{\frac{\pi}{3}}\frac{1}{5}r^5\Big|_0^{2\cos\theta}(\cos\theta\sin^2\theta)\,d\theta\\&=2\int_0^{\frac{\pi}{3}}\frac{32}{5}\cos^6\theta\sin^2\theta\,d\theta=\frac{\pi}{4}\end{aligned}$$

(2) 积分区域 D 关于 y 轴对称,被积函数 $(x+y)^2=(x^2+y^2)+2xy$,其中第一项 x^2+y^2 是关于 x 的偶函数,第二项是关于 x 的奇函数. 故根据对称性可得

$$\begin{aligned}I&=\iint_D (x+y)^2\,dxdy=\iint_D (x^2+y^2)\,dxdy+\iint_D 2xy\,dxdy\\&=\iint_D (x^2+y^2)\,dxdy+0=2\int_0^{\frac{\pi}{3}}d\theta\int_{a\sin\theta}^{2a\sin\theta} r^3\,dr\\&=\frac{1}{2}\int_0^{\frac{\pi}{3}}15a^4\sin^4\theta\,d\theta=\frac{45}{32}\pi a^4\end{aligned}$$

(3) 利用曲线 $y=-x^3$ 将区域 D 分为上下两部分,依次记为 D_1,D_2,则 D_1 与 D_2 分别关于 y 轴和 x 轴对称,而函数 $xyf(x^2+y^2)$ 分别关于 x,y 均为奇函数,故

$$I=\iint_D x\,dxdy+\iint_D xyf(x^2+y^2)\,dxdy=\iint_D x\,dxdy=2\int_{-1}^0 x\,dx\int_{x^3}^0 dy=-\frac{2}{5}.$$

例 5 计算 $\iiint_\Omega \frac{1}{(1+x+y+z)^3}dv$,其中 Ω 是由平面 $x+y+z=1$ 与三个坐标平面所围成的空间区域.

分析 本题利用直角坐标计算三重积分. 将积分区域 Ω 投影到 xOy 平面上,得到平面区域 D_{xy},然后在 D_{xy} 计算二重积分.

解 $$\iiint\limits_{\Omega}\frac{1}{(1+x+y+z)^3}\mathrm{d}v=\iint\limits_{D_{xy}}\mathrm{d}x\mathrm{d}y\int_0^{1-x-y}\frac{1}{(1+x+y+z)^3}\mathrm{d}z$$
$$=\int_0^1\mathrm{d}x\int_0^{1-x}\mathrm{d}y\int_0^{1-x-y}\frac{1}{(1+x+y+z)^3}\mathrm{d}z$$
$$=\int_0^1\mathrm{d}x\int_0^{1-x}\left[-\frac{1}{2}\frac{1}{(1+x+y+z)^2}\right]_0^{1-x-y}\mathrm{d}y$$
$$=\int_0^1\mathrm{d}x\int_0^{1-x}\left[-\frac{1}{8}+\frac{1}{2(1+x+y)^2}\right]\mathrm{d}y$$
$$=\frac{1}{2}\left(\ln 2-\frac{5}{8}\right)$$

三、综合题

例 6　改变下列积分次序：

(1) $I_1=\int_0^2\mathrm{d}x\int_0^{\frac{1}{2}x^2}f(x,y)\mathrm{d}y+\int_2^{2\sqrt{2}}\int_0^{\sqrt{8-x^2}}f(x,y)\mathrm{d}y$;

(2) $I_2=\int_0^a\int_{\sqrt{a^2-y^2}}^{y+a}f(x,y)\mathrm{d}y(a>0)$.

分析　解此类题目时,最好画出积分区域的草图.如果图形不易画出,则需要通过积分限推断的边界方程及新的积分限.

解　(1) 积分次序是按照 X－型区域进行的,即先对 y 积分再对 x 积分,而积分的边界为

$$\begin{cases}0\leqslant x\leqslant 2\\0\leqslant y\leqslant\frac{1}{2}x^2\end{cases},\begin{cases}2\leqslant x\leqslant 2\sqrt{2}\\0\leqslant y\leqslant\sqrt{8-x^2}\end{cases}$$

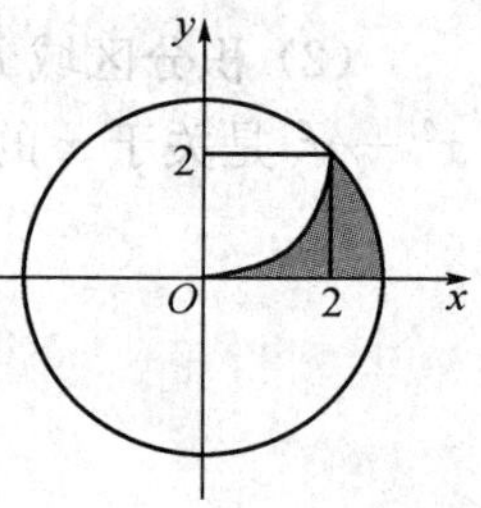

图 1

容易求得 $y=\frac{1}{2}x^2$ 与 $y=\sqrt{8-x^2}$ 的交点为 (2,2),则将区域(见右图 1)视为 Y－型区域其边界为 $0\leqslant y\leqslant 2$, $\sqrt{2y}\leqslant x\leqslant\sqrt{8-y^2}$,故

$$I_1=\int_0^2\mathrm{d}y\int_{\sqrt{2y}}^{\sqrt{8-y^2}}f(x,y)\mathrm{d}x$$

(2) 积分次序是按照 Y－型区域进行的,即先对 x 积分再对 y 积分,而积分的边界为

$$\begin{cases}\sqrt{a^2-y^2}\leqslant x\leqslant y+a\\0\leqslant y\leqslant a\end{cases}$$

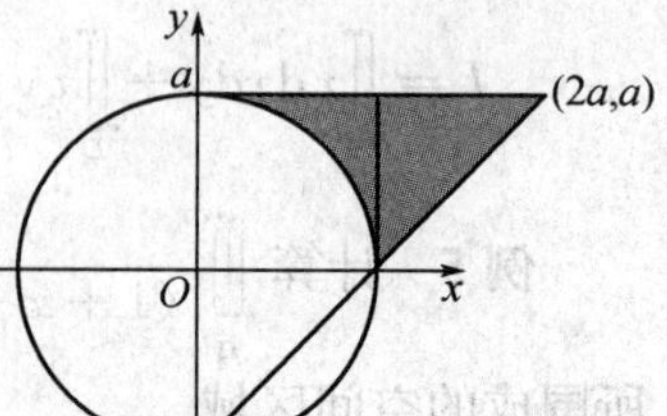

图 2

将其边界曲线画出得如右图 2,并将区域视为 X－型区域得

$$I_2=\int_0^a\mathrm{d}x\int_{\sqrt{a^2-x^2}}^a f(x,y)\mathrm{d}y+\int_0^{2a}\mathrm{d}x\int_{x-a}^a f(x,y)\mathrm{d}y.$$

例 7　计算 $I=\int_0^{\frac{a}{\sqrt{2}}}e^{-y^2}dy\int_0^y e^{-x^2}dx+\int_{\frac{a}{\sqrt{2}}}^a e^{-y^2}dy\int_0^{\sqrt{a^2-y^2}}e^{-x^2}dx$.

分析　本题中的被积函数都没有初等原函数，因此按照原积分次序是无法求解的. 如果画出草图(见右图 3)，就会发现这两个二次积分可以合并成一个区域 D 上的二重积分，根据被积函数与积分区域的特点可见采用极坐标求解方便.

解　由原积分次序可知积分区域 D 由曲线 $x^2+y^2=a^2$，$y=x$，$x=0$ 所围成，其在极坐标下可以表示为 D：$0\leqslant\rho\leqslant a$，$\frac{\pi}{4}\leqslant\theta\leqslant\frac{\pi}{2}$，故

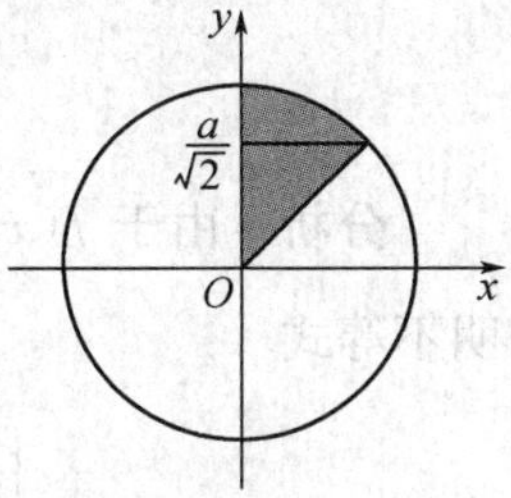

图 3

$$I=\iint_D e^{-(x^2+y^2)}dxdy=\int_{\frac{\pi}{4}}^{\frac{\pi}{2}}d\theta\int_0^a e^{-\rho^2}d\rho$$

$$=\left(\frac{\pi}{2}-\frac{\pi}{4}\right)\left(-\frac{1}{2}e^{-\rho^2}\right)_0^a=\frac{\pi}{8}(1-e^{-a^2})$$

例 8　计算 $I=\iint_D|x^2+y^2-4|dxdy$，D：$x^2+y^2\leqslant 9$.

解　从 D 的特点可知用极坐标较为方便. 首先去掉绝对值符号，用 $x^2+y^2=4$ 将区域 D 分成两个子区域 D_1：$x^2+y^2\leqslant 4$ 和 D_2：$4\leqslant x^2+y^2\leqslant 9$，利用积分区域可加性得

$$I=\iint_{D_1}|x^2+y^2-4|dxdy+\iint_{D_2}|x^2+y^2-4|dxdy$$

$$=\iint_{D_1}(4-x^2-y^2)dxdy+\iint_{D_2}(x^2+y^2-4)dxdy$$

$$=\int_0^{2\pi}d\theta\int_0^2(4-\rho^2)\rho d\rho+\int_0^{2\pi}d\theta\int_2^3(\rho^2-4)d\rho$$

$$=\frac{41}{2}\pi$$

例 9　计算 $\iint_D(x^2+y^2)dxdy$，其中 D 为双纽线 $(x^2+y^2)^2=a^2(x^2-y^2)$ 所围成的闭区域.

分析　由于被积函数关于 x，y 都是偶函数，积分区域又关于 x 轴、y 轴对称，故需要计算其在第一象限部分 D_1 的积分. 根据积分区域的特点，宜采用极坐标计算.

解　双纽线 $(x^2+y^2)^2=a^2(x^2-y^2)$ 在极坐标下的方程为 $\rho=a\sqrt{\cos 2\theta}$，由此可得 D_1 在极坐标系下积分区域可表示为 $0\leqslant\theta\leqslant\frac{\pi}{4}$，$0\leqslant\rho\leqslant a\sqrt{\cos 2\theta}$，故

$$\iint_D(x^2+y^2)dxdy=4\iint_{D_1}(x^2+y^2)dxdy=4\int_0^{\frac{\pi}{4}}d\theta\int_0^{a\sqrt{\cos 2\theta}}\rho^3 d\rho$$

$$=\int_0^{\frac{\pi}{4}}a^4\cos^2 2\theta d\theta=\int_0^{\frac{\pi}{4}}a^4\frac{1+\cos 4\theta}{2}d\theta$$

$$=\frac{\pi}{8}a^4$$

例 10 设 $f(x)$ 是 $[0,1]$ 上正值连续且单调减少的函数，证明：

$$\frac{\int_0^1 xf^2(x)\mathrm{d}x}{\int_0^1 xf(x)\mathrm{d}x}\leqslant\frac{\int_0^1 f^2(x)\mathrm{d}x}{\int_0^1 f(x)\mathrm{d}x}$$

分析 由于 $f(x)>0$，故 $\int_0^1 f(x)\mathrm{d}x>0$、$\int_0^1 xf(x)\mathrm{d}x>0$，故所证不等式等价于证明不等式

$$\int_0^1 f^2(x)\mathrm{d}x\int_0^1 xf(x)\mathrm{d}x\geqslant\int_0^1 xf^2(x)\mathrm{d}x\int_0^1 f(x)\mathrm{d}x$$

证明：令 $I=\int_0^1 f^2(x)\mathrm{d}x\int_0^1 xf(x)\mathrm{d}x-\int_0^1 xf^2(x)\mathrm{d}x\int_0^1 f(x)\mathrm{d}x$，则

$$\begin{aligned}I&=\int_0^1 f^2(x)\mathrm{d}x\int_0^1 xf(x)\mathrm{d}x-\int_0^1 xf^2(x)\mathrm{d}x\int_0^1 f(x)\mathrm{d}x\\&=\int_0^1 f^2(x)\mathrm{d}x\int_0^1 yf(y)\mathrm{d}y-\int_0^1 xf^2(x)\mathrm{d}x\int_0^1 f(y)\mathrm{d}y\\&=\int_0^1\mathrm{d}x\int_0^1[f^2(x)yf(y)]\mathrm{d}y-\int_0^1\mathrm{d}x\int_0^1[xf^2(x)f(y)]\mathrm{d}y\\&=\iint_D[f^2(x)yf(y)-xf^2(x)f(y)]\mathrm{d}x\mathrm{d}y\\&=\iint_D[f^2(x)f(y)(y-x)]\mathrm{d}x\mathrm{d}y\end{aligned}$$

其中 $D=\{(x,y)\mid 0\leqslant x\leqslant 1,0\leqslant y\leqslant 1\}$；类似可得

$$I=\iint_D[f^2(y)f(x)(x-y)]\mathrm{d}x\mathrm{d}y$$

两式相加得

$$I=\frac{1}{2}\iint_D[f(x)f(y)(y-x)(f(x)-f(y))\mathrm{d}x\mathrm{d}y$$

因为 $f(x)$ 是 $[0,1]$ 上正值连续且单调减少的函数，故对于任意的 $x,y\in[0,1]$ 均有

$$f(x)f(y)(y-x)(f(x)-f(y))\geqslant 0$$

因此 $I\geqslant 0$. 命题得证.

四、重积分的应用

例 11　设半径为 a 的圆盘，其各点的密度与该点到圆心的距离成反比，令其内切于圆盘截去半径为 $\frac{a}{2}$ 的小圆盘，求余下圆盘的重心坐标.

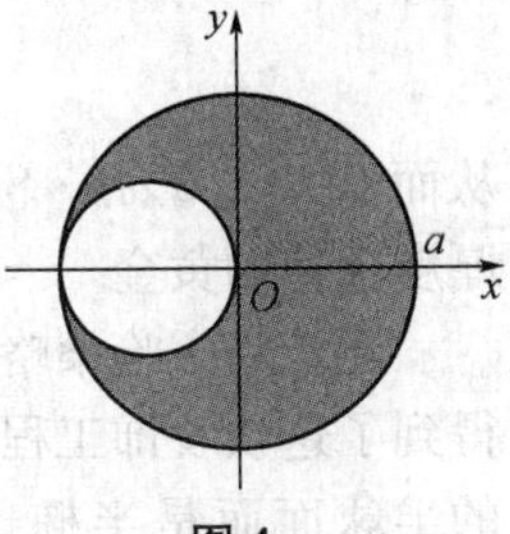

图 4

解　如右图 4 所示，以大圆盘的圆心为坐标原点，x 轴通过两圆心，切去的小圆在 y 轴的左侧，则点 (x,y) 处的密度为 $\mu=\frac{k}{\sqrt{x^2+y^2}}$，（$k>0$ 为比例系数），则由公式得

$$M=\iint_D \frac{k}{\sqrt{x^2+y^2}}\mathrm{d}x\mathrm{d}y=\int_{-\frac{\pi}{2}}^{\frac{\pi}{2}}\mathrm{d}\theta\int_0^a \frac{k}{\rho}\rho\mathrm{d}\rho+\int_{\frac{\pi}{2}}^{\frac{3\pi}{2}}\mathrm{d}\theta\int_{-a\cos\theta}^{a}\frac{k}{\rho}\rho\mathrm{d}\rho=2ak(\pi-1)$$

$$M_y=\iint_D \frac{kx}{\sqrt{x^2+y^2}}\mathrm{d}x\mathrm{d}y=\int_{-\frac{\pi}{2}}^{\frac{\pi}{2}}\mathrm{d}\theta\int_0^a \frac{k\rho\cos\theta}{\rho}\rho\mathrm{d}\rho+\int_{\frac{\pi}{2}}^{\frac{3\pi}{2}}\mathrm{d}\theta\int_{-a\cos\theta}^{a}\frac{k\rho\cos\theta}{\rho}\rho\mathrm{d}\rho=\frac{2}{3}ka^2$$

则 $\overline{x}=\frac{M_y}{M}=\frac{a}{3(\pi-1)}$，因 $\frac{ky}{\sqrt{x^2+y^2}}$ 是 y 的奇函数，而积分区域 D 关于 x 轴对称，故

$$M_x=\iint_D \frac{ky}{\sqrt{x^2+y^2}}\mathrm{d}x\mathrm{d}y=0$$

所以 $\overline{y}=0$，即余下圆盘的重心坐标为 $\left(\frac{a}{3(\pi-1)},0\right)$.

第三节　应用案例

本节是学生自学内容. 我们现在研究下面的一个工程中的计算问题.

问题提出　教堂顶部曲面面积的计算. 某个阿拉伯国家有一座著名的伊斯兰教堂，它以中央大厅的金色巨大拱形圆顶名震遐迩. 因年久失修，国王下令将教堂顶部重新贴金箔装饰.

图 1　教堂

图 2　顶部曲面

据档案记载,大厅的顶部形状为半球面,其半径为 30 m. 考虑到可能的损耗和其他技术因素,实际用量将会比教堂顶部面积多 1.5%. 因为顶部面积预计

$$S = 2 \cdot \pi R^2 = 2 \cdot \pi\, 30^2 = 1\,800\pi \text{ m}^2$$

从而 $(1+1.5\%) \cdot S \approx 5\,739.7 \text{ m}^2$. 据此,国王的财政大臣下拨了可制造 $5\,750 \text{ m}^2$ 有规定厚度金箔的黄金.

建筑商人哈桑略通数学,他计算了一下,觉得黄金会有盈余. 于是,他以较低的承包价得到了这项装饰工程. 但在施工前的测量中,工程师发现教堂顶部实际上并非是一个精确的半球面而是半椭球面,其半立轴恰是 30 m,而半长轴和半短轴分别是 30.6 m 和 29.6 m.

这一来哈桑犯了愁,他担心黄金是否还有盈余,甚至可能短缺,最后的结果究竟如何呢?

问题分析 由于教堂顶部实际上并不是一个精确的半球面而是半椭球面(如右图 3),所以其面积就要重新来计算.

这个问题的本质就是求一个半椭球体的表面积;取椭球面中心为坐标原点,建立直角坐标系,则教堂圆顶(上)半椭球曲面方程为

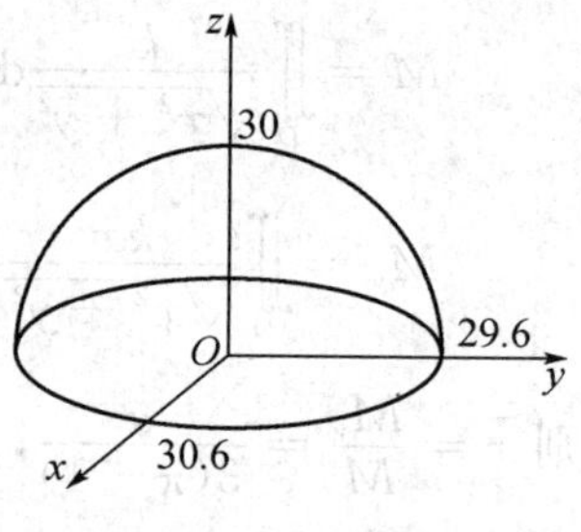

图 3 顶部曲面坐标图

$$z = R\sqrt{1 - \frac{x^2}{a^2} - \frac{y^2}{b^2}}$$

其中 $R=30$ m, $a=30.6$ m, $b=29.6$ m.

在高等数学中二重积分的应用部分,我们已经得到空间曲面(表)面积的一个计算公式

$$S = \iint_D \sqrt{1 + z_x^2 + z_y^2}\, \mathrm{d}x\mathrm{d}y \tag{10.1}$$

本题中积分区域 $D: \frac{x^2}{a^2} + \frac{y^2}{b^2} \leqslant 1$. 并且因为

$$\sqrt{1 + z_x^2 + z_y^2} = \sqrt{1 + \frac{\frac{R^2 x^2}{a^4} + \frac{R^2 y^2}{b^4}}{1 - \frac{x^2}{a^2} - \frac{y^2}{b^2}}}$$

所以半椭球面积为

$$S = \iint_D \sqrt{1 + \frac{\frac{R^2 x^2}{a^4} + \frac{R^2 y^2}{b^4}}{1 - \frac{x^2}{a^2} - \frac{y^2}{b^2}}}\, \mathrm{d}x\mathrm{d}y \tag{10.2}$$

求解探讨 这个积分值难以用手工方法去计算. 先作推广的极坐标变换,令 $x = ar\cos\theta, y = br\sin\theta$, 则 $\mathrm{d}x\mathrm{d}y = abr\,\mathrm{d}r\mathrm{d}\theta$, 一并代入(10.2)式,有

$$S = ab\int_0^{2\pi}\mathrm{d}\theta\int_0^1\sqrt{1+\frac{R^2r^2\left(\dfrac{\cos^2\theta}{a^2}+\dfrac{\sin^2\theta}{b^2}\right)}{1-r^2}}\,r\mathrm{d}r \qquad (10.3)$$

记 $\mu = R^2\left(\dfrac{\cos^2\theta}{a^2}+\dfrac{\sin^2\theta}{b^2}\right)$，上述积分中后一个积分可以求出来，它是

$$\int_0^1\sqrt{1+\frac{\mu\cdot r^2}{1-r^2}}\,r\mathrm{d}r = \begin{cases}\dfrac{1}{2}+\dfrac{\mu[\ln(1+\sqrt{1-\mu})-\ln\sqrt{\mu}]}{2\sqrt{1-\mu}}, & (\mu\leqslant 1)\\[2ex] \dfrac{1}{2}+\dfrac{\mu}{2\sqrt{1-\mu}}\arcsin\sqrt{\dfrac{\mu-1}{\mu}}, & (\mu>1)\end{cases}$$

继续关于 θ 的积分实在太复杂了，无法求出结果.

对此，我们可以借助于数值积分思想求出其结果. 二重积分的数值计算其意义是很大的，应用同样广泛.

数值计算　现在对于一般的二重积分 $I=\iint\limits_D f(s,t)\mathrm{d}s\mathrm{d}t$，积分区域 $D：0\leqslant s\leqslant c$，$0\leqslant t\leqslant \mathrm{d}$.

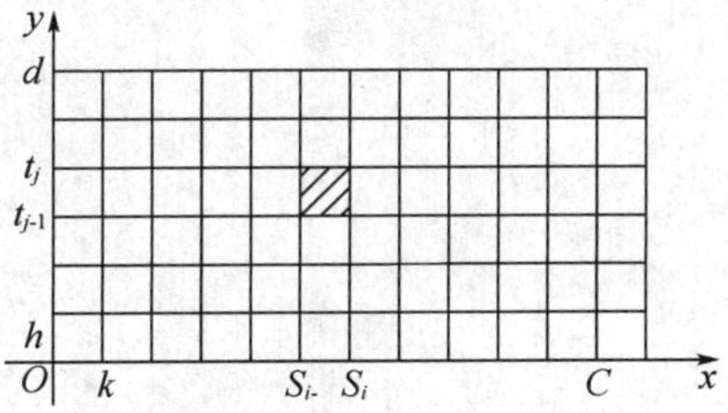

现将 D 分成 $m\times n$ 个相等的小矩形

$$D_{ij}：s_{i-1}\leqslant s\leqslant s_i,t_{j-1}\leqslant t\leqslant t_j$$

这里 $s_i=ik,t_j=jh,i=1,\cdots,m;j=1,\cdots,n,k,h$ 是分割步长. 在其中第 $i\times j$ 个小块上的积分值近似为

$$I_{ij}\approx\frac{kh}{4}[f(s_{i-1},t_{j-1})+f(s_i,t_{j-1})+f(s_{i-1},t_j)+f(s_i,t_j)]$$

从而整个矩形区域上的积分为

$$I=\iint\limits_D f(s,t)\mathrm{d}s\mathrm{d}t\approx\sum_{i=1}^m\sum_{j=1}^n\frac{kh}{4}[f(s_{i-1},t_{j-1})+f(s_i,t_{j-1})+f(s_{i-1},t_j)+f(s_i,t_j)] \qquad (10.4)$$

方法应用　在前面的(10.3)式中，积分还是一个广义积分（$r=1$ 是积分瑕点），为此作一次化简换元，令 $t=\sqrt{1-r^2}$，则积分式可变形为

$$S=ab\int_0^{2\pi}\mathrm{d}\theta\int_0^1\sqrt{t^2+R^2(1-t^2)\left(\frac{\cos^2\theta}{a^2}+\frac{\sin^2\theta}{b^2}\right)}\mathrm{d}t$$

其中 θ, t 的积分范围为 $0 \leqslant \theta \leqslant 2\pi, 0 \leqslant t \leqslant 1$. 被积函数

$$f(\theta,t)=\sqrt{t^2+R^2(1-t^2)\left(\frac{\cos^2\theta}{a^2}+\frac{\sin^2\theta}{b^2}\right)}$$

并取 $h=\frac{1}{100}, k=\frac{2\pi}{100}$ 和 $m=n=100$，以及 $R=30$ m, $a=30.6$ m, $b=29.6$ m, 代入(10.4)式可以编程计算得到

$$S \approx 5\,679.81(\mathrm{m}^2)$$

再加上 1.5% 的损耗

$$\overline{S}=(1+1.5\%)\times S \approx 5\,765.0\,(\mathrm{m}^2)$$

大于财政大臣下拨的 5 750 m^2 金箔. 结论是:因为事先数据测量的错差,导致建筑商要亏损!

第四节 练习题

10-1 二重积分的概念与性质

1. 利用二重积分定义证明.

(1) $\iint\limits_D \mathrm{d}\sigma = \sigma$，其中 σ 为区域 D 的面积；

(2) 若 α,β 为常数，则 $\iint\limits_D [\alpha f(x,y)+\beta g(x,y)]\mathrm{d}\sigma = \alpha\iint\limits_D f(x,y)\mathrm{d}\sigma + \beta\iint\limits_D g(x,y)\mathrm{d}\sigma$.

2. 根据二重积分的性质，比较下列积分值的大小关系.

(1) $I_1 = \iint\limits_{x^2+y^2\leqslant 1} |x^3 y|\,\mathrm{d}x\mathrm{d}y, I_2 = \iint\limits_{|x|+|y|\leqslant 1} |x^3 y|\,\mathrm{d}x\mathrm{d}y$；

(2) $I_1=\iint\limits_D \ln(x+y)\mathrm{d}\sigma, I_2=\iint\limits_D [\ln(x+y)]^3\mathrm{d}\sigma$，其中 D 是三角形闭区域，三顶点分别为(1,0)，(1,1)，(2,0).

3. 利用二重积分的性质估计下列积分的值.

(1) $I=\iint\limits_D xy(x+y)\mathrm{d}\sigma$，其中 $D=\{(x,y)\mid 0\leqslant x\leqslant 1, 0\leqslant y\leqslant 1\}$；

(2) $I=\iint\limits_D (x+y+1)\mathrm{d}\sigma$，其中 $D=\{(x,y)\mid 0\leqslant x\leqslant 1, 0\leqslant y\leqslant 2\}$.

10-2 二重积分的计算

1. 计算下列二重积分：

(1) $\iint\limits_{D} x^2 y^2 \mathrm{d}\sigma$，其中 $D=\{(x,y)\mid 0\leqslant x\leqslant 2,-1\leqslant y\leqslant 1\}$；

(2) $\iint\limits_{D} x\cos(x+y)\mathrm{d}\sigma$，其中 D 是顶点分别为 $(0,0)$，$(\pi,0)$ 和 (π,π) 的三角形闭区域；

(3) $\iint\limits_{D} x\,\mathrm{d}\sigma$，其中 D 是由直线 $y=x$，$y=x-3$，$y=0$，$y=1$ 所围成的平行四边形闭区域.

2. 化二重积分 $\iint\limits_D f(x,y)\mathrm{d}\sigma$ 为二次积分，其中 D 如下：

(1) D 为 ΔOAB 及其内部，其中 $A(1,0)$，$B(0,1)$；

(2) D 为由圆 $x^2+y^2=1$，直线 $y=x$ 和 x 轴所围的在第一象限的部分；

(3) D 为由抛物线 $y=x^2$ 和直线 $x+y=2$ 所围成的区域；

(4) D 为由双曲线 $xy=2$ 和直线 $y=2x$，$2y=x$ 所围的在第一象限的部分.

3. 改变下列二次积分的积分次序：

(1) $\int_0^2 \mathrm{d}y \int_{y^2}^{2y} f(x,y)\mathrm{d}x$；

(2) $\int_0^1 \mathrm{d}y \int_{-\sqrt{1-y^2}}^{\sqrt{1-y^2}} f(x,y)\mathrm{d}x$；

(3) $\int_1^2 \mathrm{d}x \int_{2-x}^{\sqrt{2x-x^2}} f(x,y)\mathrm{d}y$；

(4) $\int_0^{\pi} \mathrm{d}x \int_{-\sin\frac{x}{2}}^{\sin\frac{x}{2}} f(x,y)\mathrm{d}y$.

4. 选用适当的坐标计算下列各题：

(1) $\iint\limits_D \mathrm{e}^{x^2+y^2}\,\mathrm{d}\sigma$，其中 D 是由圆周 $x^2+y^2=4$ 所围成的闭区域；

(2) $\iint\limits_D x\sqrt{x^2+y^2}\,\mathrm{d}\sigma$，其中 D 由抛物线 $x=y^2$，$x=-y^2$ 和直线 $y=1$ 所围成；

(3) $\iint\limits_D \sqrt{x^2+y^2}\,\mathrm{d}\sigma$，其中 D 是圆环形闭区域 $\{(x,y)\mid a^2\leqslant x^2+y^2\leqslant b^2\}$.

(4) $\iint\limits_D \arctan\dfrac{y}{x}\,\mathrm{d}\sigma$，其中 D 是由圆周 $x^2+y^2=1$，$x^2+y^2=4$ 及直线 $y=0$，$y=x$ 所围成的在第一象限的闭区域.

10-3 重积分的应用

1. 计算以 xOy 面上的圆周 $x^2+y^2=ax$ 围成的闭区域为底，而以曲面 $z=x^2+y^2$ 为顶的曲顶柱体的体积.

2. 求曲面 $az=xy$ 包含在圆柱 $x^2+y^2=a^2$ 内那部分的面积.

3. 求锥面 $z=\sqrt{x^2+y^2}$ 被柱面 $z^2=2x$ 所截得部分的曲面面积.

第五节　自测题

一、填空题(每题 3 分,共 15 分)

1. 设 $D=\{(x,y)\mid 1\leqslant x^2+y^2\leqslant 9\}$,则 $\iint\limits_D 2\mathrm{d}\sigma=$________.

2. 设 $D=\{(x,y)\mid 0\leqslant x\leqslant 1,-1\leqslant y\leqslant 0\}$,则 $\iint\limits_D x\mathrm{e}^{xy}\mathrm{d}x\mathrm{d}y=$________.

3. 设 $D=\{(x,y)\mid 0\leqslant y\leqslant\sqrt{1-x^2},0\leqslant x\leqslant 1\}$,$\iint\limits_D x^2y\mathrm{d}\sigma=$________.

4. 设积分区域为 $x^2+y^2\leqslant R^2$,则二重积分 $I=\iint\limits_D\left(\dfrac{x^2}{a^2}+\dfrac{y^2}{b^2}\right)\mathrm{d}x\mathrm{d}y=$________.

5. 积分 $I=\int_0^2\mathrm{d}x\int_x^2\mathrm{e}^{-y^2}\mathrm{d}y=$________.

二、选择题(每题 3 分,共 15 分)

1. $\int_0^1\mathrm{d}x\int_0^{1-x}f(x,y)\mathrm{d}y$ 等于 (　　)

A. $\int_0^{1-x}\mathrm{d}y\int_0^1 f(x,y)\mathrm{d}x$　　B. $\int_0^1\mathrm{d}y\int_0^{1-x}f(x,y)\mathrm{d}x$

C. $\int_0^1\mathrm{d}y\int_0^1 f(x,y)\mathrm{d}x$　　D. $\int_0^1\mathrm{d}y\int_0^{1-y}f(x,y)\mathrm{d}x$

2. 设 D 为 $x^2+y^2\leqslant a^2$,当 $a=$________时,$\iint\limits_D\sqrt{a^2-x^2-y^2}\mathrm{d}x\mathrm{d}y=\pi$. (　　)

A. 1　　B. $\sqrt[3]{\dfrac{3}{2}}$　　C. $\sqrt[3]{\dfrac{3}{4}}$　　D. $\sqrt[3]{\dfrac{1}{2}}$

3. $\int_0^{\frac{\pi}{2}}\mathrm{d}\theta\int_0^{\cos\theta}f(r\cos\theta,r\sin\theta)r\mathrm{d}r$ 等于 (　　)

A. $\int_0^1\mathrm{d}y\int_0^{\sqrt{1-y^2}}f(x,y)\mathrm{d}x$　　B. $\int_0^1\mathrm{d}y\int_0^{\sqrt{y-y^2}}f(x,y)\mathrm{d}x$

C. $\int_0^1\mathrm{d}x\int_0^1 f(x,y)\mathrm{d}y$　　D. $\int_0^1\mathrm{d}x\int_0^{\sqrt{x-x^2}}f(x,y)\mathrm{d}y$

4. 设 $f(x,y)$ 连续,且 $f(x,y)=xy+\iint\limits_D f(x,y)\mathrm{d}x\mathrm{d}y$,其中 D 是由 $y=0,y=x^2$,$x=1$ 所围区域,则 $f(x,y)$ 等于 (　　)

A. xy　　B. $2xy$　　C. $xy+\dfrac{1}{8}$　　D. $xy+1$

5. 设平面闭区域 $D=\{(x,y)\mid -a\leqslant x\leqslant a,x\leqslant y\leqslant a\}$,$D_1=\{(x,y)\mid 0\leqslant x\leqslant a,x\leqslant y\leqslant a\}$,则 $\iint\limits_D(xy+\cos x\sin y)\mathrm{d}x\mathrm{d}y$ 等于 (　　)

A. $2\iint\limits_{D_1}\cos x\sin y\mathrm{d}x\mathrm{d}y$　　　　B. $2\iint\limits_{D_1}xy\mathrm{d}x\mathrm{d}y$

C. $4\iint\limits_{D_1}(xy+\cos x\sin y)\mathrm{d}x\mathrm{d}y$　　　　D. 0

三、计算下列二重积分：(每题 9 分，共 27 分)

1. 求$\iint\limits_{D}\mathrm{e}^{\frac{x}{y}}\mathrm{d}x\mathrm{d}y$，其中 D 是由 $y^2=x, x=0, y=1$ 所围成的区域.

2. 求$\iint\limits_{D}|\cos(x+y)|\mathrm{d}x\mathrm{d}y$，其中区域 $D: 0\leqslant x\leqslant\frac{\pi}{2}, 0\leqslant y\leqslant\frac{\pi}{2}$.

3. 计算$\iint\limits_{D}\sqrt{4a^2-x^2-y^2}\mathrm{d}x\mathrm{d}y$，其中 $D=\{(x,y)\mid(x-a)^2+y^2\leqslant a^2\}$.

四、(13 分)计算二重积分 $\iint\limits_{D} y\mathrm{d}x\mathrm{d}y$，其中 D 由直线 $x=-2, y=0, y=2$，及曲线 $x=-\sqrt{2y-y^2}$ 所围成的平面区域.

五、(10 分)计算圆锥 $z=\sqrt{x^2+y^2}$ 与球面 $z=\sqrt{4a^2-x^2-y^2}$ 所围成的立体的体积.

六、(10 分)设 $f(x)=\int_0^x \frac{\sin t}{\pi-t}\mathrm{d}t$，计算 $I=\int_0^\pi f(x)\mathrm{d}x$.

七、(10 分)设 $f(x)$ 在 $[a,b]$ 上连续，证明：$\left(\int_a^b f(x)\mathrm{d}x\right)^2 \leqslant (b-a)\int_a^b [f(x)]^2\mathrm{d}x$，其中等号仅当 $f(x)$ 为常数时成立.

第六节　练习题与自测题答案

练习题答案

10 - 1

1. 略

2. (1) $I_1 > I_2$；(2) $I_1 \geqslant I_2$.

3. 略

10 - 2

1. (1) $\frac{16}{9}$；(2) $-\frac{3}{2}\pi$；(3) 6.

2. (1) $I=\int_0^1 dx\int_0^{1-x} f(x,y)dy$；

(2) $I=\int_0^{\frac{\sqrt{2}}{2}} dy\int_y^{\sqrt{1-y^2}} f(x,y)dx$，或 $I=\int_0^{\frac{\sqrt{2}}{2}} dx\int_0^{x} f(x,y)dy+\int_{\frac{\sqrt{2}}{2}}^1 dx\int_0^{\sqrt{1-x^2}} f(x,y)dy$；

(3) $I=\int_{-2}^1 dx\int_{x^2}^{2-x} f(x,y)dy$，

或 $I=\int_0^1 dy\int_{-\sqrt{y}}^{\sqrt{y}} f(x,y)dx+\int_1^4 dy\int_{-\sqrt{y}}^{2-y} f(x,y)dx$；

(4) $I=\int_0^1 dx\int_{\frac{x}{2}}^{2x} f(x,y)dy+\int_1^2 dx\int_{\frac{x}{2}}^{\frac{2}{x}} f(x,y)dy$，

或 $I=\int_0^1 dy\int_{\frac{y}{2}}^{2y} f(x,y)dx+\int_1^2 dy\int_{\frac{y}{2}}^{\frac{2}{y}} f(x,y)dx$.

3. (1) $\int_0^4 dx\int_{\frac{x}{2}}^{\sqrt{x}} f(x,y)dy$；(2) $\int_{-1}^1 dx\int_0^{\sqrt{1-x^2}} f(x,y)dy$；(3) $\int_0^1 dy\int_{2-y}^{1+\sqrt{1-y^2}} f(x,y)dx$；

(4) $\int_{-1}^0 dy\int_{-2\arcsin y}^{\pi} f(x,y)dx+\int_0^1 dy\int_{2\arcsin y}^{\pi} f(x,y)dx$.

4. (1) $\pi(e^4-1)$；(2)0；(3) $\frac{2}{3}\pi(b^3-a^3)$；(4) $\frac{3}{64}\pi^2$.

10 - 3

1. $\frac{3}{32}\pi a^4$.

2. $\frac{2}{3}\pi(2\sqrt{2}-1)a^2$.　　3. $\sqrt{2}\pi$.

自测题答案

一、1. 16π

2. $\dfrac{1}{e}$

3. $\dfrac{1}{15}$

4. $\dfrac{\pi R^4}{4}\left(\dfrac{1}{a^2}+\dfrac{1}{b^2}\right)$

5. $\dfrac{1}{2}(1-e^{-4})$

二、1. D 2. B 3. D 4. C 5. A.

三、1. $\dfrac{1}{2}$

2. $\pi-2$

3. $\dfrac{16a^3}{3}\left(\dfrac{\pi}{2}-\dfrac{2}{3}\right)$.

四、$4-\dfrac{\pi}{2}$.

五、$\dfrac{2\pi a^3}{3}(8-4\sqrt{2})$.

六、2.

七、提示:利用 $\left(\int_a^b f(x)\mathrm{d}x\right)^2=\left(\int_a^b f(x)\mathrm{d}x\right)\cdot\left(\int_a^b f(y)\mathrm{d}y\right)$ 和二重积分概念.

第十一章　无穷级数

第一节　内容提要

一、常数项级数的概念与性质

1. 无穷级数定义：给定一个数列 $u_1, u_2, u_3, \cdots, u_n, \cdots$，将各项依次用加号相连

$$u_1 + u_2 + u_3 + \cdots + u_n + \cdots$$

称其为无穷级数，记为 $\sum\limits_{n=1}^{\infty} u_n$. 设级数 $\sum\limits_{n=1}^{\infty} u_n$ 的前 n 项和为 $S_n = \sum\limits_{k=1}^{n} u_k$，如果部分和数列 $\{S_n\}$ 有极限，即 $\lim\limits_{n\to\infty} S_n = S$，则称无穷级数 $\sum\limits_{n=1}^{\infty} u_n$ 收敛，并称 S 为级数的和. 反之，如果部分和数列 $\{S_n\}$ 没有极限，则称无穷级数 $\sum\limits_{n=1}^{\infty} u_n$ 发散.

2. 两个重要的级数：

(1) 等比级数(几何级数)

$$\sum_{n=0}^{\infty} ar^n = a + ar + ar^2 + \cdots + ar^n + \cdots (a \neq 0),$$

当 $|r| < 1$ 时，等比级数收敛，且和为 $\frac{a}{1-r}$；当 $|r| \geqslant 1$ 时，等比级数发散.

(2) p − 级数

$$1 + \frac{1}{2^p} + \frac{1}{3^p} + \cdots + \frac{1}{n^p} + \cdots,$$

当 $p > 1$ 时，级数收敛；而当 $p \leqslant 1$ 时，级数发散.

3. 无穷级数的性质：

(1) 如果 $\sum\limits_{n=1}^{\infty} u_n$ 和 $\sum\limits_{n=1}^{\infty} v_n$ 皆收敛，其和分别为 S 和 σ，则 $\sum\limits_{n=1}^{\infty} (au_n + bv_n)$ 也收敛，且等于 $aS + b\sigma$；

(2) 在级数中增加或减少或变更有限项则级数的收敛性不变；

(3) 对收敛级数的项任意加括号所得到的新级数仍收敛，而且其和不变；

(4) 级数 $\sum\limits_{n=1}^{\infty} u_n$ 收敛的必要条件是 $\lim\limits_{n\to\infty} u_n = 0$.

注:(Ⅰ)由 $\lim\limits_{n\to\infty}u_n=0$ 并不能得出级数 $\sum\limits_{n=1}^{\infty}u_n$ 收敛,如 $\lim\limits_{n\to\infty}\dfrac{1}{n}=0$,而调和级数 $\sum\limits_{n=1}^{\infty}\dfrac{1}{n}$ 发散;

(Ⅱ)此性质可用来判断级数发散. 即若 $\lim\limits_{n\to\infty}u_n\neq 0$,则级数 $\sum\limits_{n=1}^{\infty}u_n$ 必发散.

二、常数项级数的审敛法

1. 正项级数 $\sum\limits_{n=1}^{\infty}u_n,u_n\geqslant 0(n=1,2,\cdots)$.

(1) 充要条件:正项级数 $\sum\limits_{n=1}^{\infty}u_n$ 收敛 $\Leftrightarrow$ 部分和数列 $\{S_n\}$ 有界.

(2) 比较判别法:设 $0\leqslant u_n\leqslant v_n$,

(Ⅰ)若正项级数 $\sum\limits_{n=1}^{\infty}v_n$ 收敛,则级数 $\sum\limits_{n=1}^{\infty}u_n$ 也收敛;

(Ⅱ)若正项级数 $\sum\limits_{n=1}^{\infty}u_n$ 发散,则级数 $\sum\limits_{n=1}^{\infty}v_n$ 必发散.

(3) 比较判别法的极限形式:设正项级数 $\sum\limits_{n=1}^{\infty}u_n,\sum\limits_{n=1}^{\infty}v_n$,且 $\lim\limits_{n\to\infty}\dfrac{u_n}{v_n}=\lambda$,则

(Ⅰ)当 $0<\lambda<+\infty$ 时,两级数 $\sum\limits_{n=1}^{\infty}u_n,\sum\limits_{n=1}^{\infty}v_n$ 有相同的敛散性;

(Ⅱ)当 $\lambda=0$ 时,如 $\sum\limits_{n=1}^{\infty}v_n$ 收敛,则 $\sum\limits_{n=1}^{\infty}u_n$ 也收敛;

(Ⅲ)当 $\lambda=+\infty$ 时,如 $\sum\limits_{n=1}^{\infty}v_n$ 发散,则 $\sum\limits_{n=1}^{\infty}u_n$ 必发散.

注:利用比较判别法时,一般选取几何级数或 $p-$级数作为参考级数.

(4) 比值法(达朗贝尔判别法):正项级数 $\sum\limits_{n=1}^{\infty}u_n$,若 $\lim\limits_{n\to\infty}\dfrac{u_n}{v_n}=\rho$,则

(Ⅰ)当 $\rho<1$ 时,级数收敛;

(Ⅱ)当 $\rho>1$(或 $\rho=+\infty$)时,级数发散;

(Ⅲ)当 $\rho=1$ 时,级数敛散性无法确定.

(5) 根值法(柯西判别法):正项级数 $\sum\limits_{n=1}^{\infty}u_n$,若 $\lim\limits_{n\to\infty}\sqrt[n]{u_n}=\rho$,则

(Ⅰ)当 $\rho<1$ 时,级数收敛;

(Ⅱ)当 $\rho>1$(或 $\rho=+\infty$)时,级数发散;

(Ⅲ)当 $\rho=1$ 时,级数敛散性无法确定.

2. 交错级数. 莱布尼兹判别法:设交错级数 $\sum\limits_{n=1}^{\infty}(-1)^{n-1}u_n,(u_n\geqslant 0)$,若 u_n 满足:

(1) $\lim\limits_{n\to\infty}u_n=0$;(2) $u_n\geqslant u_{n+1}(n=1,2,3,\cdots)$;则交错级数 $\sum\limits_{n=1}^{\infty}(-1)^{n-1}u_n$ 收敛.

3. 绝对收敛与条件收敛:

如果绝对值级数 $\sum_{n=1}^{\infty}|u_n|$ 收敛,则级数 $\sum_{n=1}^{\infty}u_n$ 必收敛,并称级数 $\sum_{n=1}^{\infty}u_n$ 为绝对收敛.

若绝对值级数 $\sum_{n=1}^{\infty}|u_n|$ 发散,但 $\sum_{n=1}^{\infty}u_n$ 收敛,则称级数 $\sum_{n=1}^{\infty}u_n$ 为条件收敛.

三、幂级数

1. 幂级数:形如

$$\sum_{n=0}^{\infty}a_n(x-x_0)^n=a_0+a_1(x-x_0)+a_2(x-x_0)^2+\cdots+a_n(x-x_0)^n+\cdots$$

的函数项级数称为幂级数,当 $x_0=0$ 时,幂级数为 $\sum_{n=0}^{\infty}a_nx^n$.

2. 幂级数的收敛半径:幂级数的收敛区间长度的一半称为幂级数的收敛半径.

如幂级数 $\sum_{n=0}^{\infty}a_nx^n$ 的系数满足 $\lim_{n\to\infty}\left|\frac{a_{n+1}}{a_n}\right|=\rho$(或 $\lim_{n\to\infty}\sqrt[n]{a_n}=\rho$),则有:

(1) 若 $0<\rho<+\infty$,则收敛半径 $R=\frac{1}{\rho}$;

(2) 若 $\rho=0$,则收敛半径 $R=+\infty$;

(3) 若 $\rho=+\infty$,则收敛半径 $R=0$.

3. 幂级数的性质

(1) 四则运算性质:设 $\sum_{n=0}^{\infty}a_nx^n=f(x)$,$|x|<R_1$,$\sum_{n=0}^{\infty}b_nx^n=g(x)$,$|x|<R_2$,则 $\sum_{n=0}^{\infty}(a_n\pm b_n)x^n=f(x)\pm g(x)$,$|x|<\min\{R_1,R_2\}$

(2) 分析性质:设幂级数 $\sum_{n=0}^{\infty}a_nx^n$ 的收敛半径 $R>0$,和函数为 $S(x)$,则:

(Ⅰ) 幂级数的和函数 $S(x)$ 在其收敛域上连续;

(Ⅱ) $S(x)$ 在 $(-R,R)$ 内可导,且有逐项求导公式

$$S'(x)=(\sum_{n=0}^{\infty}a_nx^n)'=\sum_{n=0}^{\infty}(a_nx^n)'=\sum_{n=1}^{\infty}na_nx^{n-1}$$

求导后幂级数的收敛半径不变;

(Ⅲ) $S(x)$ 在 $(-R,R)$ 内有逐项积分公式

$$\int_0^x S(t)\mathrm{d}t=\int_0^x(\sum_{n=0}^{\infty}a_nt^n)\mathrm{d}t=\sum_{n=0}^{\infty}\int_0^x(a_nt^n)\mathrm{d}t=\sum_{n=0}^{\infty}\frac{a_n}{n+1}x^{n+1}$$

且这个幂级数的收敛半径也不变.

四、函数展开成幂级数

1. 泰勒级数:设函数 $f(x)$ 在点 x_0 的某一领域内具有任意阶导数,则级数

$$f(x_0)+\frac{f'(x_0)}{1!}(x-x_0)+\frac{f''(x_0)}{2!}(x-x_0)^2+\cdots+\frac{f^{(n)}(x_0)}{n!}(x-x_0)^n+\cdots$$

称为函数 $f(x)$ 在点 x_0 处的泰勒级数. 特别地，当 $x_0=0$，则级数

$$f(0)+\frac{f'(0)}{1!}x+\frac{f''(0)}{2!}x^2+\cdots+\frac{f^{(n)}(0)}{n!}x^n+\cdots$$

称为 $f(x)$ 的麦克劳林级数.

2. 几个常用的幂级数展开式

$$e^x=1+x+\frac{x^2}{2!}+\frac{x^3}{3!}+\cdots+\frac{x^n}{n!}+\cdots(-\infty<x<+\infty)$$

$$\sin x=x-\frac{x^3}{3!}+\frac{x^5}{5!}-\cdots+(-1)^{n-1}\frac{x^{2n-1}}{(2n-1)!}+\cdots(-\infty<x<+\infty)$$

$$\cos x=1-\frac{x^2}{2!}+\frac{x^4}{4!}-\cdots+(-1)^n\frac{x^{2n}}{(2n)!}+\cdots(-\infty<x<+\infty)$$

$$\ln(1+x)=x-\frac{x^2}{2}+\frac{x^3}{3}-\frac{x^4}{4}+\cdots+(-1)^n\frac{x^{n+1}}{n+1}+\cdots(-1<x\leqslant 1).$$

3. 函数的幂级数展开的方法

(1) 直接法:先求函数的各阶导数,再计算展开系数,并确定收敛域.

(2) 间接法:利用 $e^x,\sin x,\cos x,\ln(1+x),\dfrac{1}{1\pm x}$ 等已知函数的幂级数展开式,通过变量代换、四则运算、逐项求导、逐项积分、待定系数等方法得到未知函数的展开式.

第二节　典型例题分析与求解

一、级数定义与性质

例1　判断下列级数是否收敛,若收敛,求其和.

(1) $\sum\limits_{n=1}^{\infty}(\sqrt{n+2}-2\sqrt{n+1}+\sqrt{n})$；　　(2) $\sum\limits_{n=2}^{\infty}3(-1)^n\left(\dfrac{2}{5}\right)^n$.

分析　利用级数收敛与发散的定义来判别级数的敛散性并求其和,这是最基本的方法.

解　(1)由于

$$\sqrt{n+2}-2\sqrt{n+1}+\sqrt{n}=\frac{1}{\sqrt{n+2}+\sqrt{n+1}}-\frac{1}{\sqrt{n+1}+\sqrt{n}}$$

故级数前 n 项的和

$$S_n=\left(\frac{1}{\sqrt{3}+\sqrt{2}}-\frac{1}{\sqrt{2}+1}\right)+\left(\frac{1}{\sqrt{4}+\sqrt{3}}-\frac{1}{\sqrt{3}+\sqrt{2}}\right)+\cdots$$
$$+\left(\frac{1}{\sqrt{n+2}+\sqrt{n+1}}-\frac{1}{\sqrt{n+1}+\sqrt{n}}\right)=\frac{1}{\sqrt{n+2}+\sqrt{n+1}}-\frac{1}{\sqrt{2}+1}$$

而

$$\lim_{n\to\infty}S_n=\lim_{n\to\infty}\left(\frac{1}{\sqrt{n+2}+\sqrt{n+1}}-\frac{1}{\sqrt{2}+1}\right)=1-\sqrt{2}$$

因此级数收敛，其和为 $1-\sqrt{2}$.

(2) $\sum\limits_{n=2}^{\infty}3(-1)^n\left(\frac{2}{5}\right)^n$ 为公比 $r=-\frac{2}{5}$ 的等比级数，因 $|r|<1$，故该级数收敛，其和为

$$S=\frac{a}{1-r}=\frac{3(-1)^2\left(\frac{2}{5}\right)^2}{1-\left(-\frac{2}{5}\right)}=\frac{12}{35}$$

例 2　设级数 $\sum\limits_{n=1}^{\infty}u_n$ 收敛，讨论下列级数的收敛性.

(1) $\sum\limits_{n=1}^{\infty}1\,000u_n$；　　(2) $\sum\limits_{n=1}^{\infty}(u_n+10^{-6})$；

(3) $\sum\limits_{n=1}^{\infty}u_{n+1\,000}$；　　(4) $\sum\limits_{n=1}^{\infty}\frac{1}{u_n}$.

分析　利用收敛级数的几条性质判别级数敛散性，也是常用的方法.

解　(1) 级数 $\sum\limits_{n=1}^{\infty}1\,000u_n$ 是级数 $\sum\limits_{n=1}^{\infty}u_n$ 每一项乘以 1 000 得到，而 $\sum\limits_{n=1}^{\infty}u_n$ 收敛，故原级数收敛.

(2) 级数 $\sum\limits_{n=1}^{\infty}(u_n+10^{-6})$ 是 $\sum\limits_{n=1}^{\infty}u_n$ 与 $\sum\limits_{n=1}^{\infty}10^{-6}$ 对应项相加得到的级数，而 $\sum\limits_{n=1}^{\infty}u_n$ 收敛，$\sum\limits_{n=1}^{\infty}10^{-6}$ 发散，由级数的性质知原级数发散.

(3) 级数 $\sum\limits_{n=1}^{\infty}u_{n+1\,000}$ 与级数 $\sum\limits_{n=1}^{\infty}u_n$ 相比，少了前 1 000 项，由级数的性质二者的敛散性是相同的，故原级数收敛.

(4) 级数 $\sum\limits_{n=1}^{\infty}u_n$ 收敛，故 $\lim\limits_{n\to\infty}u_n=0$，从而 $\lim\limits_{n\to\infty}\frac{1}{u_n}=\infty$，即 $\lim\limits_{n\to\infty}\frac{1}{u_n}\neq 0$，由级数收敛的必要条件得级数 $\sum\limits_{n=1}^{\infty}\frac{1}{u_n}$ 发散.

二、正项级数

例 3　判断下列级数的敛散性：

(1) $\sum_{n=1}^{\infty}\frac{a^n n!}{n^n}$; (2) $\sum_{n=1}^{\infty}\frac{1}{3^n}\left(\frac{n+1}{n}\right)^{n^2}$; (3) $\sum_{n=1}^{\infty}\frac{1}{\sqrt[3]{n(n+1)}}$.

分析 正项级数判别其敛散性一般步骤:

(1) 如通项 u_n 中含 $n!$ 或 n 的连乘积通常选用比值法;

(2) 如通项 u_n 是以 n 为指数幂的因子,通常用根值法,也可用比值法;

(3) 如通项 u_n 含形如 n^{α}(α 可以不是整数)因子,通常用比较法;

(4) 观察通项,尽量寻找其形式简单的同阶无穷小,进而利用比较法的极限形式;

(5) 利用级数性质(包含收敛的必要条件)判别其敛散性.

解 (1) 通项 u_n 中含有 $n!$,因此选用比值法. 由于

$$\rho=\lim_{n\to\infty}\frac{u_{n+1}}{u_n}=\lim_{n\to\infty}\frac{a^{n+1}(n+1)!}{(n+1)^{n+1}}\cdot\frac{n^n}{a^n(n)!}=a\lim_{n\to\infty}\left(\frac{n}{n+1}\right)^n=\frac{a}{e}$$

由此可知,

当 $a<e$ 时,$\rho=\lim\limits_{n\to\infty}\frac{u_{n+1}}{u_n}<1$,故原级数收敛;

当 $a>e$ 时,$\rho=\lim\limits_{n\to\infty}\frac{u_{n+1}}{u_n}>1$,故原级数发散;

当 $a=e$ 时,$\rho=\lim\limits_{n\to\infty}\frac{u_{n+1}}{u_n}=1$,此时比值法失效,但注意到

$$\frac{u_{n+1}}{u_n}=\frac{e}{\left(1+\frac{1}{n}\right)^n}>1$$

因此 $\lim\limits_{n\to\infty}u_n\neq 0$,故此时级数发散.

(2) 通项 u_n 中含有以 n 为指数幂的因子,因此选用根值法. 由于

$$\rho=\lim_{n\to\infty}\sqrt[n]{u_n}=\lim_{n\to\infty}\frac{1}{3}\left(1+\frac{1}{n}\right)^n=\frac{\mathrm{e}}{3}<1$$

故原级数收敛.

(3) 由于 $\rho=\lim\limits_{n\to\infty}\frac{u_{n+1}}{u_n}=1$,此时比值法失效,故改用比较判别法或比较判别法的极限形式.

解法一 因为

$$\frac{1}{\sqrt[3]{n(n+1)}}>\frac{1}{\sqrt[3]{(n+1)(n+1)}}=\frac{1}{(n+1)^{\frac{2}{3}}}$$

而 $\sum\limits_{n=1}^{\infty}\frac{1}{(n+1)^{\frac{2}{3}}}$ 是发散级数,故由比较判别法知原级数发散.

解法二 当 $n\to\infty$ 时,

$$\frac{1}{\sqrt[3]{n(n+1)}}=\frac{1}{n^{\frac{2}{3}}}$$

又因为 $\sum_{n=1}^{\infty}\frac{1}{n^{\frac{2}{3}}}$ 是发散级数,所以由比较判别法的极限形式知原级数发散.

三、交错级数

例 4 判断下列级数的敛散性:

(1) $\sum_{n=1}^{\infty}\frac{(-1)^n}{\sqrt{n(n+1)}}$; (2) $\sum_{n=1}^{\infty}\sin(\pi\sqrt{a^2+k^2})$,其中 k 为常数.

分析 这些都是交错级数,可用莱布尼兹判别法来判断敛散性.

解 (1)令 $u_n=\frac{1}{\sqrt{n(n+1)}}$,则

$$u_n=\frac{1}{\sqrt{n(n+1)}}>\frac{1}{\sqrt{(n+1)(n+2)}}=u_{n+1}$$

并且

$$\lim_{n\to\infty}u_n=\lim_{n\to\infty}\frac{1}{\sqrt{n(n+1)}}=0,$$

即 u_n 随着 n 的增大而递减且趋于 0,故由莱布尼兹判别法知,级数 $\sum_{n=1}^{\infty}\frac{(-1)^n}{\sqrt{n(n+1)}}$ 收敛.

(2) 因为

$$\sin(\pi\sqrt{a^2+k^2})=\sin(n\pi+(\sqrt{a^2+k^2}-n)\pi)=(-1)^n\sin\left(\frac{\pi k^2}{\sqrt{a^2+k^2}+n}\right)$$

所以 $\sum_{n=1}^{\infty}\sin(\pi\sqrt{a^2+k^2})$ 是个交错级数. 记 $u_n=\sin\left(\frac{\pi k^2}{\sqrt{a^2+k^2}+n}\right)$,易证 $u_{n+1}<u_n$,并且 $\lim_{n\to\infty}u_n=0$,根据莱布尼兹判别法知原级数收敛.

四、一般项级数

例 5 判断级数的敛散性,如收敛,是绝对收敛还是条件收敛.

(1) $\sum_{n=1}^{\infty}\frac{\cos n^2}{n^2}$; (2) $\sum_{n=1}^{\infty}(-1)^n\frac{\ln n}{n+1}$.

分析 对任意项级数,判别其敛散性的步骤是:

(1) 首先讨论绝对值级数 $\sum_{n=1}^{\infty}|u_n|$,若 $\sum_{n=1}^{\infty}|u_n|$ 收敛,则原级数 $\sum_{n=1}^{\infty}u_n$ 收敛且是绝对收敛的;若 $\sum_{n=1}^{\infty}|u_n|$ 发散,则进行下一步;

(2) 考察 $\sum_{n=1}^{\infty}u_n$ 的敛散性,若 $\sum_{n=1}^{\infty}u_n$ 为交错级数,则使用莱布尼兹判别法;若非规则,则可考虑使用级数敛散性的性质或定义来判别.

解 (1) 因为 $\left|\dfrac{\cos n^2}{n^2}\right| \leqslant \dfrac{1}{n^2}$，而 $\sum\limits_{n=1}^{\infty}\dfrac{1}{n^2}$ 收敛，所以由正项级数比较判别法知绝对值级数 $\sum\limits_{n=1}^{\infty}\left|\dfrac{\cos n^2}{n^2}\right|$ 收敛，从而原级数收敛，且绝对收敛.

(2) 先考察绝对值级数 $\sum\limits_{n=1}^{\infty}\dfrac{\ln n}{n+1}$. 因为 $\dfrac{\ln n}{n+1} > \dfrac{1}{n+1}$ $(n > 4)$，又调和级数 $\sum\limits_{n=1}^{\infty}\dfrac{1}{n+1}$ 发散，从而由正项级数比较判别法知绝对值级数 $\sum\limits_{n=1}^{\infty}\dfrac{\ln n}{n+1}$ 发散.

再考察 $\sum\limits_{n=1}^{\infty}(-1)^n\dfrac{\ln n}{n+1}$. 该级数为交错级数，令 $u_n = \dfrac{\ln n}{n+1}$，$f(x) = \dfrac{\ln x}{x+1}$，由

$$\lim_{x\to+\infty}\frac{\ln x}{x+1} = \lim_{x\to+\infty}\frac{\frac{1}{x}}{1} = 0$$

得 $\lim\limits_{n\to\infty}u_n = 0$. 又

$$f'(x) = \frac{(x+1)\cdot\frac{1}{x} - \ln x}{(x+1)^2} = \frac{1+\frac{1}{x}-\ln x}{(x+1)^2} < 0, \quad (x\text{ 充分大})$$

故当 n 充分大时，有 $u_{n+1} < u_n$. 由莱布尼兹判别法知 $\sum\limits_{n=1}^{\infty}(-1)^n\dfrac{\ln n}{n+1}$ 收敛，从而原级数条件收敛.

值得注意的是，本题中我们利用导数方法来判定级数通项绝对值的单调性. 这种方法大家在解决类似问题时可以借鉴.

五、幂级数

例 6 求下列幂级数的收敛域：

(1) $\sum\limits_{n=0}^{\infty}\dfrac{x^n}{(n+2)3^n}$； (2) $\sum\limits_{n=1}^{\infty}(-1)^{n-1}\dfrac{x^{2n}}{3^n-1}$； (3) $\sum\limits_{n=1}^{\infty}(-1)^{n-1}\dfrac{(x-1)^n}{n}$.

分析 幂级数的收敛域求法：

(1) 求收敛半径 R. 若是不缺项幂级数 $\sum\limits_{n=0}^{\infty}a_nx^n$，则收敛半径 $R = \lim\limits_{n\to\infty}\left|\dfrac{a_n}{a_{n+1}}\right|$；若是缺项幂级数 $\sum\limits_{n=0}^{\infty}a_nx^n$，看成一般数项级数直接用比值法或根值法讨论.

(2) 讨论端点在 $x=\pm R$ 处，幂级数 $\sum\limits_{n=0}^{\infty}a_nx^n$ 的敛散性；

(3) 对其它形式的幂级数，可作相应变换化为标准幂级数 $\sum\limits_{n=0}^{\infty}a_nx^n$ 来讨论.

解 (1)由于

$$\rho = \lim_{n\to\infty}\left|\frac{a_{n+1}}{a_n}\right| = \lim_{n\to\infty}\frac{(n+2)3^n}{(n+3)3^{n+1}} = \frac{1}{3}$$

故收敛半径 $R=\frac{1}{\rho}=3$.

当 $x=3$ 时,原幂级数为 $\sum\limits_{n=0}^{\infty}\frac{1}{n+2}=-1+\sum\limits_{n=1}^{\infty}\frac{1}{n}$,这是调和级数,发散;

当 $x=-3$ 时,原幂级数为 $\sum\limits_{n=0}^{\infty}(-1)^n\frac{1}{n+2}$,这是交错级数,由莱布尼兹判别法知它收敛,故幂级数的收敛域为 $[-3,3)$.

(2) 由于这个幂级数只有偶次项,直接用比值法求收敛半径.因为

$$\lim_{n\to\infty}\left|\frac{u_{n+1}(x)}{u_n(x)}\right|=\lim_{n\to\infty}\frac{\frac{x^{2(n+1)}}{3^{n+1}-1}}{\frac{x^{2n}}{3^n-1}}=\lim_{n\to\infty}\frac{x^{2(n+1)}}{3^{n+1}-1}\cdot\frac{3^n-1}{x^{2n}}=\frac{1}{3}x^2$$

所以由正项级数比值法知:

当 $\frac{1}{3}x^2<1$,即 $|x|<\sqrt{3}$ 时,级数收敛;

当 $\frac{1}{3}x^2>1$,即 $|x|>\sqrt{3}$ 时,级数发散;故收敛半径 $R=\sqrt{3}$.

当 $x=\pm\sqrt{3}$ 时,原幂级数为 $\sum\limits_{n=1}^{\infty}(-1)^{n-1}\frac{3^n}{3^n-1}$,其通项的极限 $\lim\limits_{n\to\infty}u_n\neq 0$,由级数收敛的必要条件知该级数发散,故幂级数的收敛域为 $(-\sqrt{3},\sqrt{3})$.

(3) 令 $t=x-1$,则原幂级数化为 $\sum\limits_{n=1}^{\infty}(-1)^{n-1}\frac{t^n}{n}$.

由于

$$\rho=\lim_{n\to\infty}\left|\frac{a_{n+1}}{a_n}\right|=\lim_{n\to\infty}\frac{n}{n+1}=1$$

故收敛半径 $R=\frac{1}{\rho}=1$,且当 $t=-1$ 时,级数为 $\sum\limits_{n=1}^{\infty}(-1)^{2n-1}\frac{1}{n}=-\sum\limits_{n=1}^{\infty}\frac{1}{n}$ 发散;当 $t=1$ 时,级数为 $\sum\limits_{n=1}^{\infty}(-1)^{n-1}\frac{1}{n}$ 收敛.故 $\sum\limits_{n=1}^{\infty}(-1)^{n-1}\frac{t^n}{n}$ 收敛域为 $(-1,1]$.由 $t=x-1$,得原幂级数的收敛域为 $(0,2]$.

例 7　求幂级数 $\sum\limits_{n=1}^{\infty}\frac{1}{n\cdot 2^n}\cdot x^{n-1}$ 的收敛域与和函数.

分析　求幂级数的和函数,一般方法是利用幂级数的四则运算、变量代换、逐项求导、逐项积分等性质,将所给的幂级数化为 e^x、$\sin x$、$\cos x$、$\ln(1+x)$、$\frac{1}{1\pm x}$ 等已知函数展开式的形式,最后再对得到的和函数作相反的运算,便得原幂级数的和函数.

解　幂级数的收敛半径

$$R=\lim_{n\to\infty}\left|\frac{a_n}{a_{n+1}}\right|=\lim_{n\to\infty}\frac{(n+1)2^{n+1}}{n2^n}=2$$

且当 $x=-2$ 时,级数为 $\sum\limits_{n=1}^{\infty}(-1)^{n-1}\dfrac{1}{2n}$ 收敛;当 $x=2$ 时,级数为 $\sum\limits_{n=1}^{\infty}\dfrac{1}{2n}$ 发散,收敛域为 $[-2,2)$. 设其和函数为 $S(x)$, $x\in[-2,2)$,则

$$xS(x)=\frac{x}{2}+\frac{1}{2}\left(\frac{x}{2}\right)^2+\frac{1}{3}\left(\frac{x}{2}\right)^3+\cdots+\frac{1}{n}\left(\frac{x}{2}\right)^n+\cdots \quad x\in[-2,2)$$

$$(xS(x))'=\frac{1}{2}+\frac{x}{2}+\left(\frac{x}{2}\right)^2+\cdots+\left(\frac{x}{2}\right)^n+\cdots=\frac{1}{2-x} \quad x\in(-2,2)$$

$$xS(x)=\int_0^x\frac{1}{2-x}\mathrm{d}x=-\ln\left(1-\frac{x}{2}\right) \quad x\in[-2,2)$$

$$S(x)=-\frac{1}{x}\ln\left(1-\frac{x}{2}\right),-2\leqslant x<0,0<x<2$$

又 $S(0)=\dfrac{1}{2}$,因此所给幂函数的和函数为

$$S(x)=\begin{cases}-\dfrac{1}{x}\ln(1-\dfrac{x}{2}) & -2\leqslant x<0,0<x<2\\ \dfrac{1}{2}, & x=0\end{cases}$$

例 8 求幂级数 $\sum\limits_{n=1}^{\infty}n(n+1)x^n$ 在其收敛域 $(-1,1)$ 内的和函数,并求常数项级数 $\sum\limits_{n=1}^{\infty}\dfrac{n(n+1)}{2^n}$ 的和.

解 设和函数为 $S(x)$,则 $\sum\limits_{n=1}^{\infty}n(n+1)\cdot x^n=S(x)$, $x\in(-1,1)$

逐项积分 $$\int_0^x S(x)\mathrm{d}x=\sum_{n=1}^{\infty}nx^{n+1}=x^2\sum_{n=1}^{\infty}nx^{n-1}$$

从而 $$\sum_{n=1}^{\infty}nx^{n-1}=\frac{1}{x^2}\int_0^x S(x)\mathrm{d}x$$

再逐项积分 $$\int_0^x[\frac{1}{x^2}\int_0^x S(x)\mathrm{d}x]\mathrm{d}x=\sum_{n=1}^{\infty}x^n=\frac{x}{1-x},x\in(-1,1)$$

对上式求导 $$\frac{1}{x^2}\int_0^x S(x)\mathrm{d}x=\frac{1}{(1-x)^2}$$

即 $$\int_0^x S(x)\mathrm{d}x=\frac{x^2}{(1-x)^2}$$

再两端求导: $$S(x)=\left[\frac{x^2}{(1-x)^2}\right]'=\frac{2x}{(1-x)^3},x\in(-1,1)$$

当 $x=\dfrac{1}{2}$ 时,原级数化为 $\sum\limits_{n=1}^{\infty}\dfrac{n(n+1)}{2^n}$,其和为 8.

例 9 将函数 $y=\ln(1-x-2x^2)$ 展开成的幂级数.

分析 将函数 $f(x)$ 展开成幂函数与前面求和函数正好是相反的问题. 通常方法是利用间接展开法,即根据已知函数 e^x、$\sin x$、$\cos x$、$\ln(1+x)$、$\frac{1}{1\pm x}$ 的展开式,通过适当的变量代换、四则运算、逐项求导、逐项积分等方法,将 $f(x)$ 进行变换,使之化为以上已知函数的某一类函数,再利用已知展开式展开.

解 $y=\ln(1-x-2x^2)$ 与对数函数 $\ln(1+x)$ 属于同一类函数,将其化为 $\ln(1+x)$ 的形式,再利用 $\ln(1+x)$ 展开式得 $y=\ln(1-x-2x^2)$ 展开式. 由于

$$y=\ln(1-x-2x^2)=\ln[(1+x)(1-2x)]=\ln(1+x)+\ln(1-2x),$$

又

$$\ln(1+x)=\sum_{n=1}^{\infty}(-1)^{n-1}\frac{x^n}{n}=x-\frac{x^2}{2}+\frac{x^3}{3}-\cdots+(-1)^n\frac{x^n}{n}+\cdots \quad (-1<x\leqslant 1)$$

从而

$$\ln(1-2x)=\sum_{n=1}^{\infty}(-1)^{n-1}\frac{(-2x)^n}{n}=\sum_{n=1}^{\infty}(-1)^{n-1}\frac{(-1)^n 2^n x^n}{n}$$
$$=-\sum_{n=1}^{\infty}\frac{2^n x^n}{n}(-1<-2x\leqslant 1)$$

故所求函数的幂级数展开式为

$$\ln(1-x-2x^2)=\sum_{n=1}^{\infty}\frac{(-1)^n}{n}x^n-\sum_{n=1}^{\infty}\frac{2^n}{n}x^n=\sum_{n=1}^{\infty}\frac{(-1)^n-2^n}{n}x^n\left[-\frac{1}{2},\frac{1}{2}\right)$$

例 10 将函数 $f(x)=\frac{1}{x^2}$ 展开成 $(x+2)$ 的幂级数.

解 先将函数 $\frac{1}{x}$ 展开成 $(x+2)$ 的幂级数,然后再求导可得 $f(x)=\frac{1}{x^2}$ 的展开式.

因为

$$\frac{1}{x}=\frac{1}{-2+x+2}=-\frac{1}{2}\frac{1}{1-\frac{x+2}{2}}=-\frac{1}{2}\sum_{n=0}^{\infty}\frac{1}{2^n}(x+2)^n,\ \left|\frac{x+2}{2}\right|<1$$

两边对 x 求导得:

$$-\frac{1}{x^2}=-\frac{1}{2}\sum_{n=1}^{\infty}\frac{n}{2^n}(x+2)^{n-1}$$

所以

$$f(x)=\frac{1}{x^2}=\sum_{n=1}^{\infty}\frac{n}{2^{n+1}}(x+2)^{n-1},\quad -4<x<0$$

第三节 应用案例

本节是学生自学内容.我们下面研究自然对数的底 e 的有理或无理性问题.

背景介绍:我们先回顾两个基础知识.第一个方面是数的有理性问题.我们知道 3,$\frac{4}{7}$ 等是有理数,而 $\sqrt{2}$,π 等是无理数. $\sqrt{2}$ 为什么是无理数呢?对此可以给出以下证明:

用反证法,假设 $\sqrt{2}$ 是有理数.由于有理数一定能够写成两个整数之商的形式,故可设

$$\sqrt{2}=\frac{p}{q} \tag{11.1}$$

其中 p,q 是互质的正整数,即 $(p,q)=1$(这表示 p,q 的最大公因数为 1).

将(11.1)式变形和两边取平方,得

$$2q^2=p^2 \tag{11.2}$$

所以上式左边的系数 2 一定是 p^2,从而也是 p 的因子.于是可设 $p=2p_1$,p_1 是正整数,并将其代入(11.2)式,有

$$2q^2=(2p_1)^2,\ 即\ q^2=2p_1{}^2 \tag{11.3}$$

同理该式右边的系数 2 一定是 q^2,从而也是 q 的因子.于是又可设 $q=2q_1$,q_1 是正整数.

如此,$p=2p_1$,$q=2q_1$,p_1,q_1 都是正整数.这与 p,q 互质的条件是矛盾的.这个矛盾说明 $\sqrt{2}=\frac{p}{q}$(p,q 是互质的正整数)的假设是不能成立的,所以 $\sqrt{2}$ 是无理数.

第二个方面,我们在高等数学上册学过,实数 e(即自然对数的底 e)来源于一个重要极限,即

$$\lim_{x\to\infty}\left(1+\frac{1}{x}\right)^x=\mathrm{e},\ 或\ \lim_{x\to 0}(1+x)^{\frac{1}{x}}=\mathrm{e} \tag{11.4}$$

同时,还有函数 $y=\mathrm{e}^x$,$(-\infty<x<+\infty)$ 的 Taylor 展开式

$$\mathrm{e}^x=1+x+\frac{x^2}{2!}+\cdots+\frac{x^n}{n!}+\frac{\mathrm{e}^{\theta x}}{(n+1)!}x^{n+1},\quad (0<\theta<1) \tag{11.5}$$

这个展式可以帮助我们求出数 e 的具有任意精度的近似值,例如 e = 2.718 281 828 4590⋯到高等数学下册,在 Taylor 展式的基础上,又介绍了初等函数的幂级数展开,有

$$\mathrm{e}^x=1+x+\frac{x^2}{2!}+\frac{x^3}{3!}+\cdots+\frac{x^n}{n!}+\cdots,(-\infty<x<+\infty) \tag{11.6}$$

于是,我们对实数 e 应该有更深刻的认识.

问题提出 实数 e 是有理数还是无理数?试给出结论并证明之.

这是一个有趣的数学应用问题,下面将给出 e 是无理数的证明.

命题证明　同样用反证法.假设 $\mathrm{e}=\frac{p}{q}$，其中 p,q 是互质的正整数，且 $q\geqslant 2$.令 $x=1$ 代入(11.6)式，即有

$$\mathrm{e}^1=1+1+\frac{1}{2!}+\frac{1}{3!}+\cdots+\frac{1}{q!}+\cdots+\frac{1}{n!}+\cdots=\frac{p}{q} \tag{11.7}$$

等式两边同乘上 $q!$，得到

$$q!(1+1+\frac{1}{2!}+\frac{1}{3!}+\cdots+\frac{1}{q!})+q!\left(\frac{1}{(q+1)!}\cdots+\frac{1}{n!}+\cdots\right)=p\cdot(q-1)! \tag{11.8}$$

注意到上式左边第一项是个整数，而其第二项

$$\begin{aligned}q!\left[\frac{1}{(q+1)!}\cdots+\frac{1}{n!}+\cdots\right]&=\frac{1}{q+1}+\frac{1}{(q+1)(q+2)}\cdots+\frac{1}{(q+1)(q+2)\cdots(q+k)}+\cdots\\&\leqslant\frac{1}{q+1}+\frac{1}{(q+1)^2}\cdots+\frac{1}{(q+1)^k}+\cdots\\&=\frac{\frac{1}{q+1}}{1-\frac{1}{q+1}}=\frac{1}{q}\leqslant\frac{1}{2}<1\end{aligned} \tag{11.9}$$

即左边第二项是个正的小数.这与(11.8)式右端值 $p\cdot(q-1)!$ 也是个整数是矛盾的.从而，$\mathrm{e}=\frac{p}{q}$，(p,q 是互质的正整数)的假设是不能成立的，即 e 是无理数.

问题引申　在数学与物理学中普遍存在的一些特殊常数(例如，π，e，g 等)的数值大小与其有理或无理性质一直引起人们的兴趣.

例如对于圆周率 π，约公元 5 世纪下半叶的南北朝时期，中国著名数学家祖冲之得出精确到小数点后 7 位的 π 值，给出不足近似值 3.141 592 6 和过剩近似值 3.141 592 7，还得到两个近似分数值，即密率 355/113 和约率 22/7.他的辉煌成就比欧洲至少早了1 000年.阿拉伯数学家卡西在 15 世纪初求得圆周率 17 位精确小数值，才打破祖冲之保持了近千年的纪录.

电子计算机的出现使 π 值计算有了突飞猛进的发展.1949 年美国马里兰州阿伯丁的军队弹道研究实验室首次用计算机(ENIAC)计算 π 值，一下子就算到 2 037 位小数，突破了千位数.1989 年美国哥伦比亚大学研究人员用克雷－2 型和 IBM－VF 型巨型电子计算机计算出 π 值小数点后 4.8 亿位数，后又继续算到小数点后 10.1 亿位数，创下最新的纪录.至今，最新纪录是法国一工程师利用计算机网络的并行计算技术，将圆周率 π 算到小数点后 27 000 亿位.

但是尽管如此，人们还没有能够证明 π 到底是不是个无理数.使之成为一个至今未解的数学之谜.

第四节 练习题

11 - 1 常数项级数的概念与性质

1. 利用级数收敛与发散的定义判定下列级数的收敛性.

(1) $\frac{1}{1\times 3}+\frac{1}{3\times 5}+\frac{1}{5\times 7}+\cdots+\frac{1}{(2n-1)(2n+1)}+\cdots$;

(2) $\sum_{n=1}^{\infty}\frac{n}{(n+1)!}$(提示：$\frac{n}{(n+1)!}=\frac{1}{n!}-\frac{1}{(n+1)!}$).

2. 判别下列级数的敛散性.

(1) $\frac{1}{3}+\frac{1}{6}+\frac{1}{9}+\cdots\frac{1}{3n}+\cdots$;

(2) $\frac{1}{3}+\frac{1}{\sqrt{3}}+\frac{1}{\sqrt[3]{3}}+\cdots+\frac{1}{\sqrt[n]{3}}+\cdots$;

(3) $\left(\frac{1}{2}+\frac{1}{3}\right)+\left(\frac{1}{2^2}+\frac{1}{3^2}\right)+\cdots+\left(\frac{1}{2^n}+\frac{1}{3^n}\right)+\cdots$;

(4) $\left(\frac{1}{\sqrt{2}-1}-\frac{1}{\sqrt{2}+1}\right)+\left(\frac{1}{\sqrt{3}-1}-\frac{1}{\sqrt{3}+1}\right)+\cdots+\left(\frac{1}{\sqrt{n}-1}-\frac{1}{\sqrt{n}+1}\right)+\cdots$.

11 - 2 常数项级数的审敛法

1. 判定下列级数的收敛性.

(1) $1+\frac{1}{3}+\frac{1}{5}+\cdots+\frac{1}{2n-1}+\cdots$;

(2) $\frac{1}{2\times5}+\frac{1}{3\times6}+\cdots+\frac{1}{(n+1)(n+4)}+\cdots$;

(3) $\sum\limits_{n=1}^{\infty}\frac{n^2}{3^n}$;

(4) $\sum\limits_{n=1}^{\infty}n\tan\frac{\pi}{2^{n+1}}$;

(5) $\sum\frac{2^n\cdot n!}{n^n}$;

(6) $\sum\limits_{n=1}^{\infty}\int_0^{\frac{1}{n}}\frac{\sqrt{x}}{1+x^2}\mathrm{d}x$;

(7) $\sum_{n=1}^{\infty}\left(\frac{n}{3n-1}\right)^{2n-1}$；(8) $\sum_{n=1}^{\infty}\left(\frac{b}{a_n}\right)^n$，其中 $a_n \to a, a_n, b, a$ 均为正数；

(9) $\frac{1^4}{1!}+\frac{2^4}{2!}+\cdots+\frac{n^4}{n!}+\cdots$；(10) $\sum_{n=1}^{\infty}2^n\sin\frac{\pi}{3^n}$.

2. 判定下列级数是否收敛？若是收敛的，是绝对收敛还是条件收敛？

(1) $1-\frac{1}{\sqrt{2}}+\frac{1}{\sqrt{3}}-\frac{1}{\sqrt{4}}+\cdots$；(2) $\frac{1}{3}\times\frac{1}{2}-\frac{1}{3}\times\frac{1}{2^2}+\frac{1}{3}\times\frac{1}{2^3}-\frac{1}{3}\times\frac{1}{2^4}+\cdots$.

11-3 幂级数

1. 求下列幂级数的收敛域.

(1) $1-x+\frac{x^2}{2^2}+\cdots+(-1)^n\frac{x^n}{n^2}+\cdots$;

(2) $\frac{x}{2}+\frac{x^2}{2\times4}+\cdots+\frac{x^n}{2\times4\cdot\cdots(2n)}+\cdots$;

(3) $\sum_{n=1}^{\infty}(\sqrt{n+1}-\sqrt{n})2^n x^{2n}$;

(4) $\sum_{n=1}^{\infty}\frac{(x-5)^n}{\sqrt{n}}$.

2. 求下列级数的和函数.

(1) $\sum_{n=1}^{\infty}nx^{n-1}$;

(2) $x+\frac{x^3}{3}+\frac{x^5}{5}+\cdots+\frac{x^{2n-1}}{2n-1}+\cdots$.

11－4　函数展开成幂级数

1. 将下列函数展开成 x 的幂级数，并求展开式成立的区间.

(1) $\ln(a+x)(a>0)$；　　　　(2) $\sin^2 x$.

2. 将函数 $f(x)=\cos x$ 展开成 $\left(x+\frac{\pi}{3}\right)$ 的幂级数.

3. 将函数 $f(x)=\frac{1}{x^2+3x+2}$ 展开成 $(x+4)$ 的幂级数.

4. 利用函数的幂级数展开式求下列各数的近似值.

(1) ln3 (误差不超过 0.000 1)；

(2) $\cos 2^{\circ}$ (误差不超过 0.000 1).

5. 利用被积函数的幂级数展开式求下列定积分的近似值.

$$\int_0^{0.5} \frac{1}{1+x^4}\mathrm{d}x \quad (\text{误差不超过 } 0.0001).$$

第五节 自测题

一、填空题(每题 3 分,共 15 分)

1. 级数 $1-\frac{1}{3}+\frac{1}{2}-\frac{1}{9}+\cdots+\frac{1}{2^{n-1}}-\frac{1}{3^n}+\cdots=$ ________.

2. $\sum_{n=1}^{\infty}(-1)^n\frac{1}{\sqrt{n}}$ 是________(选填"条件收敛"、"绝对收敛"或"发散").

3. 设幂级数 $\sum_{n=1}^{\infty}a_n(x-x_0)^n$,若由在 $x=2$ 处发散,在 $x=-1$ 处收敛,便可知此级数的收敛半径,那么幂级数的收敛域为________.

4. $\sum_{n=0}^{\infty}\frac{n}{3^n}=$ ________.

5. 幂级数 $\sum_{n=1}^{\infty}\frac{1}{n(n-1)}x^n$ 的收敛域为________.

二、选择题(每题 3 分,共 15 分)

1. 若两级数 $\sum_{n=1}^{\infty}u_n,\sum_{n=1}^{\infty}v_n$ 都发散,则 ( )

A. $\sum_{n=1}^{\infty}(u_n+v_n)$ 发散　　B. $\sum_{n=1}^{\infty}u_nv_n$ 必发散

C. $\sum_{n=1}^{\infty}(|u_n|+|v_n|)$ 必发散　　D. $\sum_{n=1}^{\infty}(u_n^2+v_n^2)$ 必发散

2. 若级数 $\sum_{n=1}^{\infty}u_n$ 收敛,且 $\lim_{n\to\infty}\frac{u_n}{v_n}=1$,则 $\sum_{n=1}^{\infty}v_n$ ( )

A. 不一定收敛　　B. 收敛

C. 发散　　D. 收敛,且二者和相等

3. 设级数 $\sum_{n=1}^{\infty}u_n$ 收敛,则 $\sum_{n=1}^{\infty}(-1)^n\frac{u_n}{n}$ ( )

A. 绝对收敛　　B. 条件收敛

C. 发散　　D. 无法判断

4. 若级数 $\sum_{n=1}^{\infty}a_n(x-3)^n$ 在 $x=-1$ 处收敛,则此级数在 $x=6$ 处 ( )

A. 绝对收敛　　B. 条件收敛

C. 发散　　D. 无法判断

5. 设幂级数 $\sum_{n=1}^{\infty}\frac{(x-a)^n}{n}$ 在点 $x=2$ 收敛,则实数 a 的取值范围是 ( )

A. $1<a\leqslant 3$　　B. $1\leqslant a<3$

C. $1<a<3$　　D. $1\leqslant a\leqslant 3$

三、判定下列级数的敛散性.(每题 10 分,共 20 分)

1. $\sum\limits_{n=1}^{\infty}\dfrac{(n!)^2}{2n^2}$.　　2. $\sum\limits_{n=1}^{\infty}\dfrac{n\cos^2\dfrac{n\pi}{3}}{2^n}$.

四、(10 分)讨论下列级数的绝对收敛性与条件收敛性.

1. $\sum\limits_{n=1}^{\infty}(-1)^n\dfrac{1}{n^p}$;　　2. $\sum\limits_{n=1}^{\infty}(-1)^n\ln\dfrac{n+1}{n}$.

五、求下列幂级数的收敛域.(每题 10 分,共 20 分)

1. $\sum\limits_{n=1}^{\infty}\left(x^n+\dfrac{1}{2^n x^n}\right)$.

2. $\sum\limits_{n=1}^{\infty} n\,(x+1)^n$.

六、(10 分)求幂级数 $\sum\limits_{n=1}^{\infty}\dfrac{1}{n}(3+x)^{2n}$ 的和函数.

七、(10 分)将 $f(x)=\dfrac{x-1}{x^2-2x-3}$ 在 $x=1$ 处展开为幂级数.

第六节　练习题与自测题答案

练习题答案

11-1

1. (1) 收敛；(2) 收敛.

2. (1) 发散；(2) 发散；(3) 收敛；(4) 发散.

11-2

1. (1)发散；(2) 收敛;(3) 收敛；(4) 收敛；(5) 收敛；(6) 收敛；(7) 收敛. (8) 当 $b < a$ 时,收敛;当 $b > a$ 时,发散;当 $b = a$ 时,不能确定；(9) 收敛；(10) 收敛.

2. (1) 条件收敛；(2) 绝对收敛.

11-3

1. (1) $[-1,1]$；(2) $(-\infty,+\infty)$；(3) $\left(-\frac{1}{\sqrt{2}},+\frac{1}{\sqrt{2}}\right)$；(4) $[4,6)$.

2. (1) $\frac{1}{(1-x)^2}$, $|x|<1$；(2) $\frac{1}{2}\ln\left(\frac{1+x}{1-x}\right)$, $|x|<1$.

11-4

1. (1) $\ln a+\sum_{n=1}^{\infty}(-1)^{n-1}\frac{x^n}{na^n}$, $(-a,a]$；(2) $\sum_{n=1}^{\infty}(-1)^{n-1}\frac{2^{2n-1}x^{2n}}{(2n)!}$, $(-\infty,+\infty)$.

2. $\frac{1}{2}\sum_{n=0}^{\infty}(-1)^n\left[\frac{\left(x+\frac{\pi}{3}\right)^{2n}}{(2n)!}+\sqrt{3}\frac{\left(x+\frac{\pi}{3}\right)^{2n+1}}{(2n+1)!}\right]$, $x\in(-\infty,\infty)$.

3. $\sum_{n=0}^{\infty}\left(\frac{1}{2^{n+1}}-\frac{1}{3^{n+1}}\right)(x+4)^n$, $x\in(-6,-2)$.

4. (1) 1.098 6；(2) 0.999 4.

5. 0.494 0

自测题

一、1. $\frac{3}{2}$　2. 条件收敛　3. $[-1,2)$　4. $\frac{3}{4}$　5. $[-1,1]$

二、1. C　2. B　3. A　4. A　5. A

三、1. 发散.　2. 收敛.

四、1. $p>1$ 时,绝对收敛；$0<p\leqslant 1$ 时,条件收敛；$p\leqslant 0$ 时,发散　2. 条件收敛.

五、1. $\left(\frac{1}{2},1\right)\cup\left(-1,-\frac{1}{2}\right)$.　2. $(-2,0)$.

六、$S(x)=-\ln[1-(3+x)^2], -4<x<-2$.

七、$-\frac{1}{4}\sum_{n=0}^{\infty}(1-(-1)^n)\left(\frac{x-1}{2}\right)^n, -1<x<3$.

高等数学(下)模拟试卷 1

一、选择题(每题 3 分,共 15 分)

1. 设 $f(x,y)=x^3y+xy^2-2x+3y-1$,则 $f'_x(3,2)$ 等于 (　　)

A. 59　　B. 58　　C. 56　　D. 55

2. 函数 $f(x,y)$ 在点 (x_0,y_0) 连续且可偏导,是 $f(x,y)$ 在点 (x_0,y_0) 可微的 (　　)

A. 充分必要条件　　B. 必要但非充分条件

C. 充分但非必要条件　　D. 既非充分也非必要

3. 设可微函数 $f(x,y)$ 在点 (x_0,y_0) 取得极大值,则下列说法正确的是 (　　)

A. $f(x_0,y)$ 在 $y=y_0$ 处的导数大于零

B. $f(x_0,y)$ 在 $y=y_0$ 处的导数小于零

C. $f(x_0,y)$ 在 $y=y_0$ 处的导数等于零

D. $f(x_0,y)$ 在 $y=y_0$ 处的导数不存在

4. 设区域是 D 由 $x=-1,x=1,y=-1,y=1$ 围成的矩形区域,则 $\iint\limits_D \mathrm{d}x\mathrm{d}y$ 等于 (　　)

A. $\int_{-1}^{1}\mathrm{d}x\int_{-1}^{1}\mathrm{d}y$　　B. $\int_{0}^{1}\mathrm{d}x\int_{-1}^{1}\mathrm{d}y$

C. $\int_{-1}^{1}\mathrm{d}x\int_{0}^{1}\mathrm{d}y$　　D. $\int_{0}^{1}\mathrm{d}x\int_{0}^{1}\mathrm{d}y$

5. 微分方程 $y''-4y'+3y=0$ 的通解为 (　　)

A. $y=C_1\mathrm{e}^{-x}+C_2\mathrm{e}^{-3x}$　　B. $y=C_1\mathrm{e}^{x}+C_2\mathrm{e}^{-3x}$

C. $y=C_1\mathrm{e}^{-x}+C_2\mathrm{e}^{3x}$　　D. $y=C_1\mathrm{e}^{x}+C_2\mathrm{e}^{3x}$

二、填空题(每题 3 分,共 15 分)

1. 设 $z=(x+y)\arctan x$,则 $\dfrac{\partial z}{\partial x}=$ ________.

2. $\sum\limits_{n=1}^{\infty}\dfrac{\sqrt{3n-2}}{n^{\alpha}}$ 收敛的充要条件是 α 满足条件不等式________.

3. 过点 $(4,-1,3)$,且平行于直线 $\dfrac{x-3}{2}=\dfrac{y}{1}=\dfrac{z-1}{5}$ 的直线方程为________.

4. 微分方程 $\dfrac{\mathrm{d}y}{\mathrm{d}x}=\dfrac{y}{x}-\dfrac{1}{2}\left(\dfrac{y}{x}\right)^3$ 满足 $y(1)=1$ 的特解为 $y=$ ________.

5. 设 D 是圆环域:$1\leqslant x^2+y^2\leqslant 4$,则 $\iint\limits_D 2\mathrm{d}\sigma=$ ________.

三、计算题(每题8分,共24分)

1. 设 $z=yf\left(xy,\dfrac{y}{x}\right)$,$f$ 具有连续的二阶偏导数,求$\dfrac{\partial z}{\partial x}$,$\dfrac{\partial^2 z}{\partial x\partial y}$.

2. 设 $f(x,y)$ 为连续函数,交换二次积分 $\int_0^1 \mathrm{d}y\int_{-\sqrt{1-y^2}}^{\sqrt{1-y^2}} f(x,y)\mathrm{d}x$ 的积分次序.

3. 试求幂级数 $\sum\limits_{n=1}^{\infty}\dfrac{(x+1)^n}{(2n-1)3^n}$ 的收敛域.

四、计算题(每题 8 分,共 16 分)

1. 计算二重积分 $\iint\limits_D xy\,\mathrm{d}x\mathrm{d}y$,其中 D 为矩形区域:$0 \leqslant x \leqslant 1, 0 \leqslant y \leqslant 1$.

2. 计算二重积分 $\iint\limits_D (x^2 + y^2)\,\mathrm{d}x\mathrm{d}y$,其中 D 为圆环:$1 \leqslant x^2 + y^2 \leqslant 4$.

五、(10 分)求幂级数 $\sum\limits_{n=0}^{\infty} \frac{x^n}{n+1}$ 的和函数.

六、(10 分)求解微分方程 $y''-5y'+6y=xe^{2x}$.

七、(10 分)求函数 $f(x,y)=x^2+2y^2-x^2y^2$ 在区域 $D=\{(x,y)\mid x^2+y^2\leqslant 4,y\geqslant 0\}$ 上的最大值和最小值.

高等数学(下)模拟试卷 2

一、选择题(每题 3 分,共 15 分)

1. 分方程 $y''+y=\sin x$ 的一个特解应具有形式(式中 A,B 为常数)　(　　)

A. $x(A\cos x+B\sin x)$　　B. $A\cos x+B\sin x$

C. $A\sin x$　　D. $A\cos x$

2. 级数 $\sum\limits_{n=1}^{+\infty}\frac{3}{5^n}$ 的和为　(　　)

A. $\frac{1}{5}$　　B. $\frac{3}{5}$　　C. $\frac{3}{4}$　　D. 3

3. 方程 $x^2+y^2=0$ 在空间直角坐标系下表示　(　　)

A. 坐标原点 (0,0,0)　　B. xOy 坐标面的原点 (0,0)

C. z 轴　　D. xOy 坐标面

4. 若区域 D 为 $x^2+y^2\leqslant 2x$,则二重积分 $\iint\limits_D(x+y)\sqrt{x^2+y^2}\,dx\,dy$ 化成累次积分为

(　　)

A. $\int_{-\frac{\pi}{2}}^{\frac{\pi}{2}}d\theta\int_0^{2\cos\theta}(\cos\theta+\sin\theta)\sqrt{2r\cos\theta}\,r\,dr$　　B. $\int_0^{\pi}(\cos\theta+\sin\theta)d\theta\int_0^{2\cos\theta}r^3\,dr$

C. $2\int_0^{\frac{\pi}{2}}(\cos\theta+\sin\theta)d\theta\int_0^{2\cos\theta}r^3\,dr$　　D. $\int_{-\frac{\pi}{2}}^{\frac{\pi}{2}}(\cos\theta+\sin\theta)d\theta\int_0^{2\cos\theta}r^3\,dr$

5. 极限 $\lim\limits_{(x,y)\to(0,0)}\frac{x^2y}{x^4+y^2}$ 等于　(　　)

A. 0　　B. 存在但不等于 0 或 $\frac{1}{2}$

C. 不存在　　D. $\frac{1}{2}$

二、填空题(每题 3 分,共 15 分)

1. 级数 $\sum\limits_{n=1}^{+\infty}(-1)^n\frac{1}{\sqrt{n}}$ 是条件收敛还是绝对收敛______________.

2. 设 $z=\ln\left(1+\frac{x}{y}\right)$,则 $dz\,|_{(1,1)}=$ ______________.

3. $z=5x^2y^3$,则 $\frac{\partial^2 z}{\partial x\partial y}=$ ________.

4. $\boldsymbol{a}=(1,2,3)$,$\boldsymbol{b}=(1,0,1)$,则求 $\boldsymbol{a}\cdot\boldsymbol{b}=$ ________,$\boldsymbol{a}\times\boldsymbol{b}=$ ________.

5. 点 (2,1,1) 且和平面 $3x+4y+5z=6$ 平行的平面方程为________.

三、计算与证明(每题 7 分,共 21 分)

1. 求解微分方程初值问题:$\begin{cases} xy' - 3y + x^4 = 0 \\ y\big|_{x=1} = 2 \end{cases}$.

2. 求曲面 $e^z - z + xy = 3$ 在点 $(2,1,0)$ 处的切平面和法线方程.

3. 证明由方程 $f(cx - az, cy - bz) = 0$(f 任意阶可微)所确定的函数

$$z = z(x,y),\text{满足关系式 } a\frac{\partial z}{\partial x} + b\frac{\partial z}{\partial y} = c.$$

四、求解计算(每题 9 分,共 27 分)

1. 计算 $\iint\limits_D (3x+2y)\mathrm{d}x\mathrm{d}y$,其中 D 是由两坐标轴及直线 $x+y=2$ 所围成的闭区域.

2. 将 $f(x)=\dfrac{x-1}{4-x}$ 展开成 $x-1$ 的幂级数,并求 $f^{(n)}(1)$.

3. 已知函数 $f(x,y)$ 在点 $P_0(1,2)$ 处沿 $\boldsymbol{i}+\boldsymbol{j}$ 方向的方向导数为 $2\sqrt{2}$,沿 $-2\boldsymbol{j}$ 方向的方向导数为 -3。求该函数沿什么方向可以使方向导数取得最大值？最大值为多少？

五、应用题(每题 11 分,共 22 分)

1. 求内接于半径为 R 的球且具有最大体积的圆柱体的尺寸.

2. 求 $z=x^2+y^2$ 位于 $0\leqslant z\leqslant 9$ 之间那部分的面积.

高等数学(下)模拟试卷 3

一、选择题(每题 3 分,共 15 分)

1. 平面 $3x-3y-6=0$ 是 ( )

A. 平行于 xOy 平面 B. 平行于 z 轴,但不通过 z 轴

C. 垂直于 y 轴 D. 通过 z 轴

2. 设 $f(x,y)$ 是连续函数,交换 $\int_0^a \mathrm{d}x\int_0^x f(x,y)\mathrm{d}y(a>0)$ 的积分次序后的结果为 ( )

A. $\int_0^a \mathrm{d}y\int_0^y f(x,y)\mathrm{d}x$ B. $\int_0^a \mathrm{d}y\int_0^y f(x,y)\mathrm{d}x$

C. $\int_0^a \mathrm{d}y\int_y^a f(x,y)\mathrm{d}x$ D. $\int_0^a \mathrm{d}y\int_0^a f(x,y)\mathrm{d}x$

3. 已知连续函数 $f(x)$ 满足 $f(x)=\int_0^{2x} f\left(\frac{t}{2}\right)\mathrm{d}t+\ln 2$, 则 $f(x)$ 等于 ( )

A. $\mathrm{e}^x\ln 2$ B. $\mathrm{e}^{2x}\ln 2$ C. $\mathrm{e}^x+\ln 2$ D. $\mathrm{e}^{2x}+\ln 2$

4. 二元函数 $f(x,y)=\begin{cases}\dfrac{xy}{x^2+y^2}, (x,y)\neq(0,0)\\ 0, \quad (x,y)=(0,0)\end{cases}$, 在点$(0,0)$处 ( )

A. 连续,偏导数存在 B. 连续,偏导数不存在

C. 不连续,偏导数存在 D. 不连续,偏导数不存在

5. 设可微函数 $f(x,y)$ 在点 (x_0,y_0) 取得极小值,则下列结论正确的是 ( )

A. $f(x_0,y)$ 在 $y=y_0$ 处的导数等于零

B. $f(x_0,y)$ 在 $y=y_0$ 处的导数大于零

C. $f(x_0,y)$ 在 $y=y_0$ 处的导数小于零

D. $f(x_0,y)$ 在 $y=y_0$ 处的导数不存在

二、填空题(每题 3 分,共 18 分)

1. 设 $f(x,y)=\sqrt{x^2+y^2}$, 则 $f_y(0,1)=$________.

2. 设 $u=xy+\dfrac{y}{x}$, 则 $\dfrac{\partial^2 u}{\partial x\partial y}=$________.

3. 级数 $\sum\limits_{n=1}^{\infty}u_n$ 的前 n 项部分和 $S_n=\dfrac{3n}{n+1}(n=1,2,\cdots)$, 则此级数的通项 $u_n=$________.

4. 曲面 $\mathrm{e}^z-z+xy=3$ 在点 $(2,1,0)$ 处的切平面方程为________.

5. 已知级数 $\sum_{n=1}^{+\infty}(-1)^{n-1}a_n=2,\sum_{n=1}^{+\infty}a_{2n-1}=5$，则 $\sum_{n=1}^{+\infty}a_n=$ ________.

6. 若 $y=1$ 为非齐次方程 $y''+2y'+y=1$ 的特解，则这个方程的通解为________.

三、解答下列各题（每题 5 分，共 15 分）

1. 设 $u=\sin(xy^2)+x$，求 u_x,u_y.

2. 设 $f(x,y)$ 有连续偏导数，$u=f(\mathrm{e}^x,\mathrm{e}^y)$，求 $\mathrm{d}u$.

3. $\boldsymbol{a}=-2\boldsymbol{i}+3\boldsymbol{j}+\beta\boldsymbol{k},\boldsymbol{b}=\alpha\boldsymbol{i}-6\boldsymbol{j}+2\boldsymbol{k}$，已知 $\boldsymbol{a}$ 平行 $\boldsymbol{b}$，试求 α,β.

四、解答下列各题（每题 6 分，共 18 分）

1. 求微分方程 $(x+1)\dfrac{\mathrm{d}y}{\mathrm{d}x}-\alpha y=\mathrm{e}^x(x+1)^{\alpha+1}$，($\alpha$ 为常数) 的通解.

2. 求由 yOz 面上曲线 $z=2y^2$ 绕 z 轴旋转所得的旋转抛物面在点 $\left(-1,\frac{1}{2},\frac{5}{2}\right)$ 处的切平面和法线方程.

3. 求棱长之和为 $12l(l>0)$，且具有最大体积的长方体体积.

五、(8 分)计算二重积分 $\iint\limits_D x^2\mathrm{d}x\mathrm{d}y$，其中 D 是由直线 $y=x$，$y=5x$ 及 $x=1$ 所围成的区域.

六、(8 分)试将函数 $y=\dfrac{1}{4-x^4}$ 展开为 x 的幂级数.

七、(9 分)求微分方程 $y''+4y=4x^2-10$ 的通解.

八、(9 分)计算由曲面 $y=x^2, x=y^2, z=0, z=12+y-x^2$ 所围成的曲项柱体的体积.

高等数学(下)模拟试卷 4

一、选择题(每题 3 分,共 15 分)

1. 级数 $\sum_{n=1}^{+\infty}\frac{3}{4^n}$ 的和为 ( )

A. $\frac{1}{4}$　　B. $\frac{3}{4}$　　C. 1　　D. 3

2. 函数 $z=x^2-y^2+2y+7$ 在驻点 $(0,1)$ 处 ( )

A. 取极大值　　B. 取极小值

C. 无极值　　D. 无法确定极值

3. 微分方程 $y''+y=0$ 的通解为 ( )

A. $y=C_1\sin x+C_2\cos x$　　B. $y=C_1+C_2\mathrm{e}^{-x}$

C. $y=(C_1+C_2x)\sin x$　　D. $y=\mathrm{e}^x(C_1\sin x+C_2\cos x)$

4. 设 $\sum_{n=1}^{\infty}u_n$ 与 $\sum_{n=1}^{\infty}v_n$ 都是正项级数且 $u_n\leqslant v_n(n\geqslant 100)$，则下列命题正确的是 ( )

A. 若 $\sum_{n=1}^{\infty}u_n$ 收敛,则 $\sum_{n=1}^{\infty}v_n$ 收敛　　B. 若 $\sum_{n=1}^{\infty}u_n$ 发散,则 $\sum_{n=1}^{\infty}v_n$ 发散

C. 若 $\sum_{n=1}^{\infty}v_n$ 发散,则 $\sum_{n=1}^{\infty}u_n$ 发散　　D. 若 $\sum_{n=1}^{\infty}v_n$ 收敛,则 $\sum_{n=1}^{\infty}u_n$ 发散

5. 已知函数 $y=y(x)$ 在任意点 x 处的增量 $\Delta y=\frac{y\Delta x}{1+x^2}+\alpha$，且当 $\Delta x\to 0$ 时，α 是 Δx 的高阶无穷小，$y(0)=\pi$，则 $y(1)$ 等于 ( )

A. 2π　　B. π　　C. $\mathrm{e}^{\frac{\pi}{4}}$　　D. $\pi\mathrm{e}^{\frac{\pi}{4}}$

二、填空题(每题 3 分,共 21 分)

1. 点 $(1,2,1)$ 到平面 $x+2y+2z=10$ 的距离为________.
2. 设函数 $u=x^2+y^2+z^2$，则 $\mathrm{grad}u\,|_{(1,3,5)}=$ ________.
3. 设 $z=\ln\left(1+\frac{x}{y}\right)$，则 $\mathrm{d}z|_{(1,1)}=$ ________.
4. 设 $\boldsymbol{a}=\{1,2,3\}$，$\boldsymbol{b}=\{1,-1,1\}$，则 $\boldsymbol{a}\cdot\boldsymbol{b}=$ ________.
5. 过点 $(1,2,3,)$ 且与直线 L: $\frac{x-2}{1}=\frac{y+1}{3}=\frac{z}{5}$ 平行的直线方程为________.
6. 幂级数 $x+2x^2+3x^3+\cdots+nx^n+\cdots$ 的收敛半径 $R=$ ________.
7. 交换积分次序 $\int_0^1\mathrm{d}x\int_x^{\sqrt{x}}f(x,y)\mathrm{d}y=$ ________.

三、计算题(每题 7 分,共 14 分)

1. 设函数 $z=z(x,y)$ 由方程 $x^2+y^2+z=\mathrm{e}^z$ 所确定,求 $\dfrac{\partial z}{\partial x}$ 及 $\dfrac{\partial z}{\partial y}$.

2. 计算二重积分 $\iint\limits_D \dfrac{\sin x}{x}\mathrm{d}x\mathrm{d}y$,其中 D:$y=x$,$y=x^2$ 围成.

四、判断、求解题(每题 9 分,共 18 分)

1. 判别级数 $\sum_{n=1}^{\infty}(-1)^{n-1}\frac{1}{\sqrt{n+1}}$ 是否收敛?是条件收敛还是绝对收敛?

2. 写出一阶线性微分方程 $\frac{\mathrm{d}y}{\mathrm{d}x}+P(x)y=Q(x)$ 的通解公式,并求方程 $x\mathrm{d}y=(y+x^3\mathrm{e}^x)\mathrm{d}x$ 的通解.

五、计算、证明题(每题 10 分,共 20 分)

1. 设 $z=\ln\sqrt{x^2+y^2}$,证明:$\frac{\partial^2 z}{\partial x^2}+\frac{\partial^2 z}{\partial y^2}=0$.

2. 计算二重积分 $\iint\limits_D \ln(1+x^2+y^2)\mathrm{d}x\mathrm{d}y$，其中 $D: x^2+y^2 \leqslant 1$ 围成.

六、(12 分)利用代换 $y=\frac{u}{\cos x}$ 将方程 $y''\cos x-2y'\sin x+3y\cos x=\mathrm{e}^x$ 化简，并求出原方程的通解.

高等数学(下)模拟试卷5

一、选择题(每题3分,共15分)

1. 函数 $f(x,y)$ 在点 $(0,0)$ 的某邻域内有定义,且 $f_x(0,0)=3, f_y(0,0)=-1$,则有 ( )

A. $dz\big|_{(0,0)}=3dx-dy$

B. 曲面 $z=f(x,y)$ 在点 $(0,0,f(0,0))$ 的一个法向量为 $(3,-1,1)$

C. 曲线 $\begin{cases} z=f(x,y) \\ y=0 \end{cases}$ 在点 $(0,0,f(0,0))$ 的一个切向量为 $(3,0,1)$

D. 曲线 $\begin{cases} z=f(x,y) \\ y=0 \end{cases}$ 在点 $(0,0,f(0,0))$ 的一个切向量为 $(1,0,3)$

2. $\lim\limits_{(x,y)\to(0,0)}\dfrac{6xy}{x^2+y^2}$ 等于 ( )

A. 1　　B. 2　　C. 不存在　　D. 0

3. 方程 $x^2+y^2-z^2=0$ 表示的二次曲面是 ( )

A. 球面　　B. 旋转抛物面　　C. 圆锥面　　D. 圆柱面

4. 设函数 $f(u)$ 连续,区域 $D=\{(x,y)x^2+y^2\leqslant 2y\}$,则 $\iint\limits_D f(xy)dxdy$ 等于

( )

A. $\int_{-1}^{1}dx\int_{-\sqrt{1-x^2}}^{\sqrt{1-x^2}}f(xy)dy$　　B. $2\int_0^2 dy\int_0^{\sqrt{2y-y^2}}f(xy)dx$

C. $\int_0^{\pi}d\theta\int_0^{2\sin\theta}f(r^2\sin\theta\cos\theta)dr$　　D. $\int_0^{\pi}d\theta\int_0^{2\sin\theta}f(r^2\sin\theta\cos\theta)rdr$

5. 微分方程 $y''+y'=0$ 的通解为 ( )

A. $y=C_1\sin x+C_2\cos x$　　B. $y=C_1+C_2e^{-x}$

C. $y=(C_1+C_2x)e^{-x}$　　D. $y=C_1+C_2e^{x}$

二、填空题(每题3分,共18分)

1. $\lim\limits_{(x,y)\to(0,2)}\dfrac{\sin(xy)}{x}=$________.

2. 函数 $z=\ln(y^2-2x+1)$ 的定义域为________.

3. $d(e^{\frac{y}{x}})=$ ________.

4. 函数 $z=f(x,y)$ 的偏导数 $\dfrac{\partial z}{\partial x}$ 及 $\dfrac{\partial z}{\partial y}$ 在点存在且连续是 $z=f(x,y)$ 在该点可微的________条件.

5. 二重积分 $\iiint\limits_{x^2+y^2+z^2\leqslant 1} \dfrac{\cos(xy)+2x}{\cos(xy)}\mathrm{d}v=$________.

6. 曲线 $\begin{cases} x=t \\ y=t^2 \\ z=t^3 \end{cases}$ 在对应于 $t=1$ 的点处的切线方程为________.

三、计算题(每题 6 分,共 18 分)

1. 设 $|\boldsymbol{a}|=5$,$|\boldsymbol{b}|=2$,$(\widehat{\boldsymbol{a},\boldsymbol{b}})=\dfrac{\pi}{3}$,求 $|2\boldsymbol{a}-3\boldsymbol{b}|$.

2. 设函数 $z=f(x,y)$ 由方程 $x^2+y^2+z=\mathrm{e}^z$ 所确定,求 $\dfrac{\partial z}{\partial x}$ 及 $\dfrac{\partial z}{\partial y}$.

3. 计算二重积分 $\iint\limits_{D}\dfrac{x^2}{y^2}\mathrm{d}\sigma$,其中 D 由直线 $x=2$,$y=x$ 及 $xy=1$ 所围成.

四、解答题(每题 9 分,共 18 分)

1. 求微分方程 $y''-4y'+3y=0$,满足初始条件 $y(0)=6, y'(0)=10$ 的特解.

2. 判别级数 $\sum\limits_{n=1}^{\infty}(-1)^{n-1}\dfrac{n}{3^{n-1}}$ 是否收敛?是条件收敛还是绝对收敛?

五、应用题(每题 10 分,共 20 分)

1. 求函数 $f(x,y)=4(x-y)-x^2-y^2$ 的极值.

2. 求锥面 $z=\sqrt{x^2+y^2}$ 被柱面 $x^2+y^2=2x$ 所割下部分的曲面面积.

六、(11 分)我们都知道. $\dfrac{1}{1-x}=\sum\limits_{n=0}^{\infty}x^n=1+x+x^2+\cdots+x^n+\cdots, x\in(-1,1)$,试回答:

1. 利用上述级数计算 $\dfrac{1}{1+x^2}$ 的幂级数展开式并写出收敛域.

2. 计算 $\arctan x$ 的幂级数展开式并写出收敛域.

3. 利用上述结果证明 $\pi=2\sqrt{3}\sum\limits_{n=0}^{\infty}\dfrac{(-1)^n}{(2n+1)3^n}$.(据此,实际应用中我们可以近似计算 π).

参考答案

高等数学(下)模拟试卷 1 答案

一、1. C　2. B　3. C　4. A　5. D

二、1. $\arctan x+\dfrac{x+y}{1+x^2}$　2. $\alpha>\dfrac{3}{2}$　3. $\dfrac{x-4}{2}=\dfrac{y+1}{1}=\dfrac{z-3}{5}$　4. $\dfrac{x}{\sqrt{1+\ln x}}$　5. 6π

三、1. $\dfrac{\partial z}{\partial x}=y\left(f'_1\cdot y+f'_2\cdot y\cdot\left(-\dfrac{1}{x^2}\right)\right)=y\left(f'_1\cdot y-f'_2\cdot\dfrac{y}{x^2}\right)$,

$$\frac{\partial^2 z}{\partial x\partial y}=\left(f'_1\cdot y-f'_2\cdot\frac{y}{x^2}\right)+y\cdot\left[\left(f'_1+y\left(f''_{11}\cdot x+f''_{12}\cdot\frac{1}{x}\right)\right)-\left(f'_2\cdot\frac{1}{x^2}+\frac{y}{x^2}\left(f''_{21}\cdot x+f''_{22}\cdot\frac{1}{x}\right)\right)\right]$$

2. 积分区域为 $D=\{(x,y)\mid-\sqrt{1-y^2}\leqslant x\leqslant\sqrt{1-y^2},0\leqslant y\leqslant 1\}$,也可以表示为 $D=\{(x,y)\mid 0\leqslant y\leqslant\sqrt{1-x^2},-1\leqslant x\leqslant 1\}$,所以交换积分次序

$$\int_0^1\mathrm{d}y\int_{-\sqrt{1-y^2}}^{\sqrt{1-y^2}}f(x,y)\mathrm{d}x=\int_{-1}^1\mathrm{d}x\int_0^{\sqrt{1-x^2}}f(x,y)\mathrm{d}y.$$

3. 令 $t=x+1$,则级数变为 $\sum\limits_{n=1}^{\infty}\dfrac{t^n}{(2n-1)3^n}$,因为 $\rho=\lim\limits_{n\to\infty}\left|\dfrac{a_{n+1}}{a_n}\right|=\lim\limits_{n\to\infty}\dfrac{\frac{1}{(2n+1)3^{n-1}}}{\frac{1}{(2n-1)3^n}}=\dfrac{1}{3}$,所以收敛半径 $R=\dfrac{1}{\rho}=3$. 收敛区间为 $-3<t<3$,即 $-4<x<2$. 当 $x=-4$ 时,级数 $\sum\limits_{n=1}^{\infty}\dfrac{(-3)^n}{(2n-1)3^n}=\sum\limits_{n=1}^{\infty}\dfrac{(-1)^n}{(2n-1)}$ 收敛;当 $x=2$ 时,级数 $\sum\limits_{n=1}^{\infty}\dfrac{3^n}{(2n-1)3^n}=\sum\limits_{n=1}^{\infty}\dfrac{1}{(2n-1)}$ 发散. 因此原级数的收敛域为 $[-4,2)$.

四、1. 解:$\iint\limits_D xy\mathrm{d}x\mathrm{d}y=\int_0^1\left(\int_0^1 xy\mathrm{d}y\right)\mathrm{d}x=\int_0^1\dfrac{x}{2}\mathrm{d}x=\dfrac{1}{4}$.

2. 解:$\iint\limits_D(x^2+y^2)\mathrm{d}x\mathrm{d}y=\int_0^{2\pi}\int_1^2 r^3\mathrm{d}r\mathrm{d}\theta=\int_0^{2\pi}\left(\int_1^2 r^3\mathrm{d}r\right)\mathrm{d}\theta=\dfrac{15\pi}{2}$.

五、解:幂级数 $\sum\limits_{n=0}^{\infty}\dfrac{x^n}{n+1}$ 的收敛半径 $R=1$. 又当 $x=1$ 时,幂级数 $\sum\limits_{n=0}^{\infty}\dfrac{1}{n+1}$ 发散;当 $x=-1$ 时,幂级数 $\sum\limits_{n=0}^{\infty}\dfrac{(-1)^n}{n+1}$ 收敛,因此收敛域为 $[-1,1)$.

记 $f(x)=\sum\limits_{n=0}^{\infty}\frac{x^{n+1}}{n+1}$，则幂级数 $\sum\limits_{n=0}^{\infty}\frac{x^n}{n+1}=\frac{1}{x}\cdot\sum\limits_{n=0}^{\infty}\frac{x^{n+1}}{n+1}=\frac{1}{x}f(x)$，由于

$$f'(x)=\left(\sum_{n=0}^{\infty}\frac{x^{n+1}}{n+1}\right)'=\sum_{n=0}^{\infty}x^n=\frac{1}{1-x}$$

所以

$$f(x)=\int_0^x\frac{1}{1-x}\mathrm{d}x+f(0)=-\ln(1-x)+f(0)$$

又因为 $f(0)=0$，从而 $f(x)=-\ln(1-x)$．因此 $\sum\limits_{n=0}^{\infty}\frac{x^n}{n+1}=-\frac{1}{x}\ln(1-x)$，$(-1\leqslant x<1)$.

六、解：由 $\lambda^2-5\lambda+6=0$，得 $\lambda_1=2,\lambda_2=3$，于是齐次方程的通解 $\bar{y}=C_1\mathrm{e}^{2x}+C_2\mathrm{e}^{3x}$. 因为 2 是特征方程的单根，所以非齐次方程的特解 $y^*=x(b_1x+b_2)\mathrm{e}^{2x}$. 代入方程，得 $b_1=-\frac{1}{2},b_2=-1$，于是 $y^*=-x\left(\frac{1}{2}x+1\right)\mathrm{e}^{2x}$，从而所求的通解为

$$y=C_1\mathrm{e}^{2x}+C_2\mathrm{e}^{3x}-x\left(\frac{1}{2}x+1\right)\mathrm{e}^{2x}$$

七、解：由 $\begin{cases}f'_x=2x-2xy^2\\ f'_y=4y-2x^2y\end{cases}$，得 D 内驻点为 $(\pm\sqrt{2},1)$，$f(\pm\sqrt{2},1)=2$.

在边界 L_1：$y=0(-2\leqslant x\leqslant 2)$ 上，记 $g(x)=f(x,0)=x^2$，在 L_1 上 $f(x,y)$ 的最大值为 4，最小值为 0.

在边界 L_2：$x^2+y^2\leqslant 4(y\geqslant 0)$ 上，记 $h(x)=f(x,\sqrt{4-x^2})=x^4-5x^2+8(-2\leqslant x\leqslant 2)$，由 $h'(x)=4x^3-10x=0$，得驻点 $x_1=0,x_{2,3}=\pm\sqrt{\frac{5}{2}}$，$h(0)=8$，$h\left(\pm\sqrt{\frac{5}{2}}\right)=\frac{7}{4}$.

综上，$f(x,y)$ 在 D 上的最大值为 8，最小值为 0.

高等数学(下)模拟试卷 2 答案

一、1. A　2. C　3. C　4. D　5. C

二、1. 条件收敛　2. $\frac{1}{2}\mathrm{d}x-\frac{1}{2}\mathrm{d}y$　3. $30xy^2$　4. 4　$(2,2,-2)$　5. $3x+4y+5z=15$

三、1. 解：方程变为 $y'-\frac{3}{x}y=-3x^3$，则通解为

$$y=\mathrm{e}^{-\int-\frac{3}{x}\mathrm{d}x}\left[\int-3x^3\mathrm{e}^{-\int\frac{3}{x}\mathrm{d}x}\mathrm{d}x+C\right]=Cx^3-3x^4$$

据初始条件 $y|_{x=1}=2$，得 $C=5$. 所以特解 $y=5x^3-3x^4$.

2. 解：设 $F(x,y,z)=e^z-z+xy-3$，则 $F_x(2,1,0)=1, F_y(2,1,0)=2$, $F_z(2,1,0)=0$，切平面方程 $x+2y-4=0$，法线方程 $\frac{x-2}{1}=\frac{y-1}{2}=\frac{z}{0}$.

3. 解：$f'_x=cf'_1, f'_y=cf'_2, f'_z=-af'_1-bf'_2$，则 $\frac{\partial z}{\partial x}=\frac{cf'_1}{af'_1+bf'_2}, \frac{\partial z}{\partial y}=\frac{cf'_2}{af'_1+bf'_2}$，进而 $a\frac{\partial z}{\partial x}+b\frac{\partial z}{\partial y}=\frac{acf'_1+bcf'_2}{af'_1+bf'_2}=c$.

四、1. 解：原式 $=\int_0^2 dx\int_0^{2-x}(3x+2y)dy=\int_0^2 dx\left[3xy+y^2\right]_0^{2-x}=\int_0^2 -2x^2+2x+4dx=\frac{20}{3}$.

2. 解：$\frac{1}{4-x}=\frac{1}{3-(x-1)}=\frac{1}{3\left(1-\frac{x-1}{3}\right)}=\frac{1}{3}\left[1+\frac{x-1}{3}+\left(\frac{x-1}{3}\right)^2+\cdots+\left(\frac{x-1}{3}\right)^n+\cdots\right]$，则

$$\frac{x-1}{4-x}=\frac{1}{3}(x-1)+\frac{(x-1)^2}{3^2}+\frac{(x-1)^3}{3^3}+\cdots+\frac{(x-1)^n}{3^n}+\cdots,$$

于是 $\frac{f^{(n)}(1)}{n!}=\frac{1}{3^n}$，故 $f^{(n)}(1)=\frac{n!}{3^n}$.

3. 解：沿 $l_1=\boldsymbol{i}+\boldsymbol{j}$ 方向，$\boldsymbol{e}_{l_1}=\left(\frac{\sqrt{2}}{2},\frac{\sqrt{2}}{2}\right)$，$\left.\frac{\partial f}{\partial l_1}\right|_{(1,2)}=f_x(1,2)\cdot\frac{\sqrt{2}}{2}+f_y(1,2)\cdot\frac{\sqrt{2}}{2}=2\sqrt{2}$. 沿 $l_2=-2\boldsymbol{j}$ 方向，$\boldsymbol{e}_{l_2}=(0,-1)$，$\left.\frac{\partial f}{\partial l_2}\right|_{(1,2)}=f_x(1,2)\cdot 0+f_y(1,2)\cdot(-1)=-3$. 因此 $f_x|_{(1,2)}=1, f_y|_{(1,2)}=3$；故沿 $(1,3)$ 方向使方向导数取最大值，最大值为 $|(1,3)|=\sqrt{10}$.

五、1. 解：设圆柱体的底圆半径 r，高为 $2h$. 则圆柱体体积 $V=2\pi r^2h$，且 $r^2+h^2=R^2$. 设

$$L=2\pi r^2h+\lambda(r^2+h^2-R^2)$$

令 $L_r=0, L_h=0, L_\lambda=0$，得驻点 $r=\sqrt{\frac{2}{3}}R, h=\frac{1}{\sqrt{3}}R$. 由于实际问题必存在最大值，又驻点只有一个，因此满足条件的圆柱体的底圆半径 $\sqrt{\frac{2}{3}}R$，高 $\frac{2}{\sqrt{3}}R$.

2. 解：曲面在 xOy 面上的投影区域为 $D=\{(x,y)\mid x^2+y^2\leqslant 9\}$，则面积

$$S=\iint_D\sqrt{1+(2x)^2+(2y)^2}dxdy=\int_0^{2\pi}d\theta\int_0^3\sqrt{1+4r^2}rdr=\frac{\pi}{6}(37\sqrt{37}-1).$$

高等数学(下)模拟试卷3答案

一、1. B 2. C 3. B 4. C 5. A

二、1. 1 2. $1-\frac{1}{x^2}$ 3. $u_n=\frac{3}{n(n+1)}$ 4. $(x-2)+2(y-1)=0$ 5. 8 6. $y=(C_1+C_2x)e^{-x}+1$

三、1. 解：$u_x=y^2\cos(xy^2)+1, u_y=2xy\cos(xy^2)$.

2. 解：$du=f_1e^x dx+f_2e^y dy$.

3. 解：$-2:\alpha=3:-6=\beta:2$，$\therefore \alpha=4,\beta=-1$.

四、1. 解：$\frac{dy}{dx}-\frac{\alpha}{x+1}y=e^x(x+1)^\alpha$，利用求解公式

$$\begin{aligned}y&=e^{-\int\left(\frac{-\alpha}{x+1}\right)dx}\left[\int e^x(x+1)^\alpha\cdot e^{\int\left(\frac{-\alpha}{x+1}\right)dx}dx+C\right]\\&=e^{\alpha\ln(x+1)}\left[\int e^x(x+1)^\alpha\cdot e^{-\alpha\ln(x+1)}dx+C\right]\\&=(x+1)^\alpha\left[\int e^x dx+C\right]=(x+1)^\alpha(e^x+C)\end{aligned}$$

2. 解：求由 yOz 面上曲线 $z=2y^2$ 绕 z 轴旋转所得的旋转抛物面方程为 $z=2x^2+2y^2$，对应的切平面法向量 $\boldsymbol{n}=\{-4,2,-1\}=-\{4,-2,1\}$，切平面方程

$$4(x+1)-2\left(y-\frac{1}{2}\right)+\left(z-\frac{5}{2}\right)=0 \text{ 或 } 4x-2y+z+\frac{5}{2}=0$$

法线方程

$$\frac{x+1}{4}=\frac{y-\frac{1}{2}}{-2}=\frac{z-\frac{5}{2}}{1}$$

3. 解：设长方体的长、宽、高分别为 x,y,z，则体积 $xyz=V$，且 $4(x+y+z)=12l$ 或 $z=3l-x-y$，令 $u=xy(3l-x-y)$，由

$$\begin{cases}u_x=y(3l-x-y)-xy=0\\u_y=x(3l-x-y)-xy=0\end{cases},$$

得驻点 $x=y=l$，由于实际问题必定存在最大值，因此当 $x=y=z=l$，即长方体的长、宽、高取相等值 l 时长方体有最大体积 l^3.

五、解：$\iint\limits_D x^2dxdy=\int_0^1dx\int_x^{5x}x^2dy=\int_0^1 4x^3dx=1$.

六、解：由于 $y=\frac{1}{4}\cdot\frac{1}{1-\frac{x^4}{4}}$，而 $\frac{1}{1-x}=\sum_{n=0}^{\infty}x^n, x\in(-1,1)$，所以

$$y=\sum_{n=0}^{\infty}\frac{x^{4n}}{4^{n+1}},x\in(-\sqrt{2},\sqrt{2}).$$

七、解:特征方程 $r^2+4=0$ 的根为 $r_{1,2}=\pm 2i$，对应齐次方程的通解为

$$y=C_1\cos 2x+C_2\sin 2x$$

又设特解为 $y^*=Ax^2+Bx+C$，代入方程得 $y^*=x^2-3$. 故所求通解为

$$y=C_1\cos 2x+C_2\sin 2x+x^2-3$$

八、解: $V=\int_0^1 dx\int_{x^2}^{\sqrt{x}}(12+y-x^2)dy=\int_0^1\left(12\sqrt{x}+\frac{1}{2}x-x^2\sqrt{x}-12x^2+\frac{1}{2}x^4\right)dx=$ $4\frac{9}{140}$.

高等数学(下)模拟试卷 4 答案

一、1. C 2. C 3. A 4. B 5. D

二、1. 1 2. (2,6,10) 3. $\frac{1}{2}(dx-dy)$ 4. 2 5. $\frac{x-1}{1}=\frac{y-2}{3}=\frac{z-3}{5}$ 6. 1

7. $\int_0^1 dy\int_{y^2}^{y}f(x,y)dx$

三、1. 解:令: $F(x,y,z)=x^2+y^2+z-e^z$，则 $F_x=2x,F_y=2y,F_z=1-e^z$；且

$$\frac{\partial z}{\partial x}=-\frac{F_x}{F_z}=-\frac{2x}{1-e^z},\frac{\partial z}{\partial y}=-\frac{F_y}{F_z}=-\frac{2y}{1-e^z}.$$

2. 解: $\iint\limits_D\frac{\sin x}{x}dxdy=\int_0^1 dx\int_{x^2}^{x}\frac{\sin x}{x}dy=1-\sin 1$.

四、1. 解: $\sum_{n=1}^{\infty}\frac{1}{\sqrt{n+1}}$ 发散，$\frac{1}{\sqrt{n+1}}$ 单调减，$\frac{1}{\sqrt{n+1}}\to 0$，原级数条件收敛.

2. 解:公式为 $y=(C+\int Q(x)e^{\int P(x)dx}dx)e^{-\int P(x)dx}$，所求通解

$$y=(C+\int x^2e^xe^{\int\frac{-1}{x}dx}dx)e^{\int\frac{1}{x}dx}=Cx+x^2e^x-xe^x.$$

五、1. 解: $\frac{\partial z}{\partial x}=\frac{x}{x^2+y^2},\frac{\partial z}{\partial y}=\frac{y}{x^2+y^2},\frac{\partial^2 z}{\partial x^2}=\frac{y^2-x^2}{(x^2+y^2)^2},\frac{\partial^2 z}{\partial y^2}=\frac{x^2-y^2}{(x^2+y^2)^2}$，所以成立.

2. 解:原式 $=\iint\limits_D\ln(1+r^2)rdrd\theta=\int_0^{2\pi}d\theta\int_0^1\ln(1+r^2)rdr=\pi\int_1^2\ln u du=\pi(2\ln 2-1)$.

六、解:原方程化为 $u''+4u=e^x$. 特征方程 $r^2+4=0\Rightarrow r=\pm 2i$，齐次方程通解为

$\bar{u}=C_1\cos2x+C_2\sin2x$. 令特解 $y^*=Ae^x$，代入解得 $A=\dfrac{1}{5}$，代入得通解为

$$u=\bar{u}+u^*=C_1\cos2x+C_2\sin2x+\frac{1}{5}e^x,$$

所以原方程通解为

$$y=\frac{u}{\cos x}=\frac{C_1\cos2x}{\cos x}+\frac{C_2\sin2x}{\cos x}+\frac{e^x}{5\cos x}.$$

高等数学(下)模拟试卷 5 答案

一、1. D 2. C 3. C 4. D 5. B

二、1. 2 2. $D=\{(x,y)\mid y^2-2x+1>0\}$ 3. $e^{\frac{y}{x}}\dfrac{1}{x^2}(x\mathrm{d}y-y\mathrm{d}x)$

4. 充分 5. 1 6. $\dfrac{x-1}{1}=\dfrac{y-1}{2}=\dfrac{z-3}{3}$

三、1. 解：因为对任意的向量 $\boldsymbol{a}$，有 $|\boldsymbol{a}|^2=\boldsymbol{a}\cdot\boldsymbol{a}$，于是

原式$=\sqrt{(2\boldsymbol{a}-3\boldsymbol{b})\cdot(2\boldsymbol{a}-3\boldsymbol{b})}=\sqrt{4\boldsymbol{a}\cdot\boldsymbol{a}-12\boldsymbol{a}\cdot\boldsymbol{b}+9\boldsymbol{b}\cdot\boldsymbol{b}}=2\sqrt{19}$.

2. 解：令 $F(x,y,z)=x^2+y^2+z-e^z$，因为 $F_x=2x, F_y=2y, F_z=1-e^z$，所以

$$\frac{\partial z}{\partial x}=-\frac{F_x}{F_z}=-\frac{2x}{1-e^z},\frac{\partial z}{\partial y}=-\frac{F_y}{F_z}=-\frac{2y}{1-e^z}$$

3. 解：原式$=\displaystyle\int_1^2\mathrm{d}x\int_{\frac{1}{x}}^{x}\frac{x^2}{y^2}\mathrm{d}y=-\int_1^2\left(\frac{x^2}{y}\Big|_{\frac{1}{x}}^{x}\right)\mathrm{d}x=-\int_1^2x^2\left(\frac{1}{x}-x\right)\mathrm{d}x=\frac{9}{4}$.

四、1. 解：特征方程 $r^2-4r+3=0$，特征根 $r_1=1, r_2=3$，二阶常系数线性齐次微分方程的通解为 $y=C_1e^x+C_2e^{3x}$，$y(0)=6\Rightarrow C_1+C_2=6$，$y'(0)=10\Rightarrow C_1+3C_2=10$，从而 $C_1=4, C_2=2$. 所求特解为 $y=4e^x+2e^{3x}$.

2. 解：因为绝对级数 $\displaystyle\sum_{n=1}^{\infty}\frac{n}{3^{n-1}}$，$\displaystyle\lim_{n\to\infty}\frac{\frac{n+1}{3^n}}{\frac{n}{3^{n-1}}}=\frac{1}{3}<1$，由比值审敛法知绝对级数收敛，从而原级数收敛绝对收敛.

五、1. 解：因为 $\dfrac{\partial f}{\partial x}=4-2x, \dfrac{\partial f}{\partial y}=-4-2y$，令 $\dfrac{\partial f}{\partial x}=0, \dfrac{\partial f}{\partial y}=0$，得驻点$(2,-2)$，且在该点处 $\dfrac{\partial^2 f}{\partial x^2}=-2, \dfrac{\partial^2 f}{\partial x\partial y}=0, \dfrac{\partial^2 f}{\partial y^2}=-2$. 判别式 $\Delta=AC-B^2>0, A<0$，由极值存在的充分条件知函数在$(2,-2)$取得极大值 $f(2,-2)=8$.

2. 解：所求面积 $A=\displaystyle\iint_D\sqrt{1+\left(\frac{\partial z}{\partial x}\right)^2+\left(\frac{\partial z}{\partial y}\right)^2}\mathrm{d}x\mathrm{d}y$，其中 $D=\{(x,y)\mid x^2+y^2\leqslant$

$2x\}$，而

$$\frac{\partial z}{\partial x}=\frac{x}{\sqrt{x^2+y^2}},\frac{\partial z}{\partial y}=\frac{y}{\sqrt{x^2+y^2}},\sqrt{1+\left(\frac{\partial z}{\partial x}\right)^2+\left(\frac{\partial z}{\partial y}\right)^2}=\sqrt{2}.$$

于是 $A=\iint\limits_D\sqrt{1+\left(\frac{\partial z}{\partial x}\right)^2+\left(\frac{\partial z}{\partial y}\right)^2}\,\mathrm{d}x\mathrm{d}y=\iint\limits_D\sqrt{2}\,\mathrm{d}x\mathrm{d}y=\sqrt{2}\pi.$

六、解：由 $\frac{1}{1-x}=\sum\limits_{n=0}^{\infty}x^n=1+x+x^2+\cdots+x^n+\cdots,x\in(-1,1)$ 得

1. $\frac{1}{1+x^2}=\sum\limits_{n=0}^{\infty}(-x^2)^n=1-x^2+x^4+\cdots+(-1)^nx^{2n}+\cdots,x\in(-1,1)$

2. $$\begin{aligned}\arctan x&=\int_0^x\frac{1}{1+x^2}\mathrm{d}x=\int_0^x\Big[\sum_{n=0}^{\infty}(-x^2)^n\Big]\mathrm{d}x\\&=\sum_{n=0}^{\infty}(-1)^n\int_0^x x^{2n}\mathrm{d}x=\sum_{n=0}^{\infty}(-1)^n\frac{x^{2n+1}}{2n+1}\Big|_0^x\\&=\sum_{n=0}^{\infty}(-1)^n\frac{x^{2n+1}}{2n+1},x\in(-1,1]\end{aligned}$$

3. 由第 2 问知，当 $x=\frac{\sqrt{3}}{3}$ 时，(不能取 $x=\sqrt{3}$，不在收敛域内).

$$\frac{\pi}{6}=\arctan\frac{\sqrt{3}}{3}=\sum_{n=0}^{\infty}(-1)^n\frac{\left(\frac{\sqrt{3}}{3}\right)^{2n+1}}{2n+1}=\sum_{n=0}^{\infty}\frac{\sqrt{3}}{3}\cdot\frac{(-1)^n}{3^n(2n+1)}$$

因此，$\pi=2\sqrt{3}\sum\limits_{n=0}^{\infty}\frac{(-1)^n}{(2n+1)3^n}$.